图解三菱PLC
编程与实战 → 智控科技 编著

TUJIE SANLING PLC
BIANCHENG YU SHIZHAN

U0222904

PLC

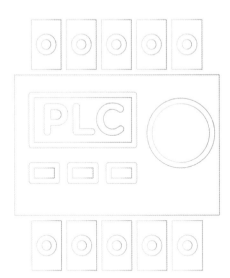

化学工业出版社

·北京·

内容简介

本书以彩色图解的方式全面系统地讲解了三菱 PLC 编程与控制案例。内容从 PLC 的特点和应用入手，详细介绍了三菱 PLC 产品、安装调试以及使用规范，并深入讲解了三菱 PLC 梯形图和语句表的结构、编程元件和编程指令，以及三菱 PLC 编程软件的使用操作。此外，本书还提供了大量实用的三菱 PLC 电气控制案例，结合丰富的彩色原理图、接线图和实物图，帮助读者更好地理解和应用 PLC 编程。

本书内容体系完整、知识结构清晰、讲解重点突出、案例丰富实用，为方便读者学习，本书还对重要的知识点进行二维码视频辅助讲解。

本书适合工控领域从事 PLC 编程与应用的技术人员学习使用，也可供大中专院校相关专业的师生参考。

图书在版编目（CIP）数据

图解三菱PLC编程与实战 / 智控科技编著. —北京 ：
化学工业出版社，2024.6
ISBN 978-7-122-45517-8

Ⅰ. ①图… Ⅱ. ①智… Ⅲ. ①PLC技术-程序设计
Ⅳ. ①TM571.61

中国国家版本馆CIP数据核字（2024）第084122号

责任编辑：于成成　李军亮　　　　　　文字编辑：陈　锦
责任校对：张茜越　　　　　　　　　　装帧设计：王晓宇

出版发行：化学工业出版社（北京市东城区青年湖南街13号　邮政编码100011）
印　　装：北京盛通印刷股份有限公司
710mm×1000mm　1/16　印张14¾　字数263千字　2024年9月北京第1版第1次印刷

购书咨询：010-64518888　　　　　　　售后服务：010-64518899
网　　址：http://www.cip.com.cn
凡购买本书，如有缺损质量问题，本社销售中心负责调换。

定　　价：88.00元　　　　　　　　　　　　版权所有　违者必究

在当今的自动控制领域,可编程逻辑控制器(PLC)以其高可靠性、强大的功能及易于编程和扩展的特性,成为了工业控制系统中不可或缺的核心。三菱 PLC 产品因性能稳定、质量可靠而广泛应用于各个行业的自动控制中。因此,掌握三菱 PLC 的编程和应用,对于工控技术人员而言意义重大。

本书旨在为 PLC 技术人员、自动化专业的学生以及 PLC 编程爱好者提供一本全面系统的三菱 PLC 编程指南。我们将从 PLC 的基础特点及其在各种行业中的应用出发,逐步深入到三菱 PLC 产品的详细介绍、硬件配置、系统安装调试以及程序编写等环节,最终通过具体的应用实例来展现三菱 PLC 在解决实际问题时的强大能力。

本书注重理论与实际结合,通过大量彩色原理图、接线图和实物图对三菱 PLC 的编程方法与实际控制案例进行了详细阐释。全书共分为 12 章:第 1 ~ 4 章是基础知识,详细介绍了 PLC 的特点与应用,三菱 PLC 产品的基本单元、功能模块以及各种扩展模块,PLC 系统的安装、调试与维护,三菱 FX_{2N} PLC 使用规范,如产品结构、性能特点以及编程方式等。第 5 ~ 7 章分别讲解了"三菱 PLC 梯形图""三菱 PLC 语句表"和"三菱 PLC 编程软件",通过对梯形图的结构、编程元件、逻辑指令的细致解读,以及对语句表的讲解和编程软件的操作演示,使读者能够掌握编写、调试三菱 PLC 程序的能力。第 8 ~ 12 章涵盖了三菱 PLC 在电气控制电路中的实际应用,包括三相交流感应电动机的控制电路、声光报警系统、自动门系统、交通信号灯、蓄水池进排水系统等。这些应用案例不仅展示了 PLC 在工程项目中的应用，还提供了丰富的解决方案和设计思路，具有很高的实际参考价值。

本书内容体系完整、知识结构清晰、讲解重点突出、案例丰富实用，所选案例均为实际应用案例。在内容表达上充分发挥图解特色，对编程指令含义与控制过程逐步讲解，通俗易懂。为方便读者学习，本书还对重要的知识点进行二维码视频辅助讲解，力求为读者提供一本全面、系统、实用的三菱 PLC 编程与应用指南。

本书适合工控领域从事 PLC 编程与应用的技术人员学习使用，也可供大中专院校相关专业的师生参考。

本书由智控科技编写。由于水平有限，编写时间仓促，书中难免会出现一些疏漏，欢迎读者指正，也期待与您的技术交流。如有任何问题，请发邮箱：chinadse@126.com。

编著者

第 9 章　三菱PLC（FX$_{2N}$系列）的数据传送、比较、处理和循环移位指令

第 10 章　三菱 PLC（FX_{2N} 系列）的算术、逻辑运算和浮点数运算指令 ··············· 145

本书二维码视频清单

第 1 章

PLC 的特点与应用

1.1 PLC 的种类特点

PLC 的英文全称为 Programmable Logic Controller，即可编程控制器。它是一种将计算机技术与继电器控制技术结合起来的现代化自动控制装置，广泛应用于农机、机床、建筑、电力、化工、交通运输等行业中。

1.1.1 按结构形式分类

PLC 根据结构形式的不同可分为整体式 PLC、组合式 PLC 和叠 PLC 的分类
装式 PLC 三种。

（1）整体式 PLC

整体式 PLC 将 CPU、I/O 接口、存储器、电源等部分全部固定安装在一块或几块印制电路板上，使之成为统一的整体。当控制点数不符合要求时，可连接扩展单元，以实现较多点数的控制。这种 PLC 体积小巧，目前小型、超小型 PLC 多采用这种结构。

图 1-1 为常见整体式 PLC 实物图。

图 1-1　常见整体式 PLC 实物图

（2）组合式 PLC

组合式 PLC 的 CPU、I/O 接口、存储器、电源等部分都以模块形式按一定规则组合配置而成（因此也称为模块式 PLC）。这种 PLC 可以根据实际需要进行灵活配置，目前中型或大型 PLC 多采用组合式结构。

图 1-2 为常见组合式 PLC 实物图。

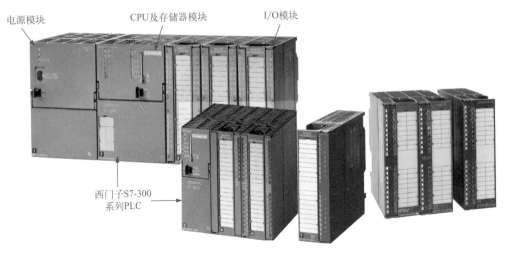

图 1-2　常见组合式 PLC 实物图

（3）叠装式 PLC

叠装式 PLC 是一种集合了整体式 PLC 的结构紧凑、体积小巧和组合式 PLC 的 I/O 点数搭配灵活于一体的 PLC。这种 PLC 将 CPU（CPU 和一定的 I/O 接口）独立出来作为基本单元，其他模块为 I/O 模块扩展单元，且各单元可一层层地叠装，连接时使用电缆进行单元之间的连接即可。

图 1-3 为常见叠装式 PLC 实物图。

图 1-3　常见叠装式 PLC 实物图

1.1.2　按 I/O 点数分类

I/O 点数是指 PLC 可接入外部信号的数目，I 指 PLC 可接入输入点的数目，

O 指 PLC 可接入输出点的数目，I/O 点则指 PLC 可接入的输入点、输出点的总数。

PLC 根据 I/O 点数的不同可分为小型 PLC、中型 PLC 和大型 PLC 三种。

（1）小型 PLC

小型 PLC 是指 I/O 点数在 24 ～ 256 点之间的小规模 PLC，这种 PLC 一般用于单机控制或小型系统的控制，如图 1-4 所示。

 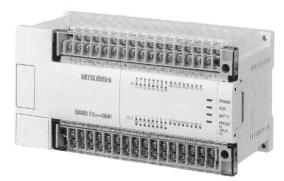

图1-4　常见小型 PLC 实物图

（2）中型 PLC

中型 PLC 的 I/O 点数一般在 256 ～ 2048 点之间，这种 PLC 不仅可对设备进行直接控制，同时还可用于对下一级的多个可编程控制器进行监控，一般用于中型或大型系统的控制。

图 1-5 为常见中型 PLC 实物图。

（3）大型 PLC

大型 PLC 的 I/O 点数一般在 2048 点以上。这种 PLC 能够进行复杂的算数运算和矩阵运算，可对设备进行直接控制，同时还可用于对下一级的多个可编程控制器进行监控，一般用于大型系统的控制。

图 1-6 为常见大型 PLC 实物图。

1.1.3　按功能分类

PLC 根据功能的不同可分为低档 PLC、中档 PLC 和高档 PLC 三种。

（1）低档 PLC

具有简单的逻辑运算、定时、计算、监控、数据传送、通信等基本控制功能和运算功能的 PLC 称为低档 PLC，这种 PLC 工作速度较低，能带动 I/O 模块的数量也较少。

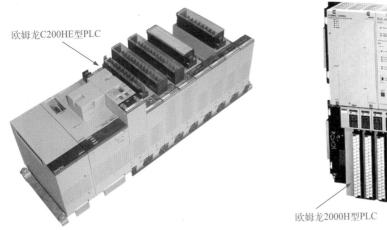

图 1-5　常见中型 PLC 实物图　　　　图 1-6　常见大型 PLC 实物图

图 1-7 为常见低档 PLC 实物图。

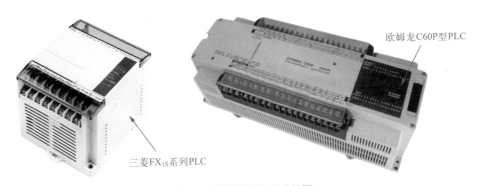

图 1-7　常见低档 PLC 实物图

（2）中档 PLC

中档 PLC 除具有低档 PLC 的功能外，还具有较强的控制功能和运算能力，如比较复杂的三角函数、指数和 PID 运算等，同时还具有远程 I/O、通信联网等功能，这种 PLC 工作速度较快，能带动 I/O 模块的数量也较多。

图 1-8 为常见中档 PLC 实物图。

（3）高档 PLC

高档 PLC 除具有中档 PLC 的功能外，还具有更为强大的控制功能、运算功能和联网功能，如矩阵运算、位逻辑运算、平方根运算及其他特殊功能函数运算等，这种 PLC 工作速度很快，能带动 I/O 模块的数量也很多。

三菱FX₃U系列PLC　　　　　　　西门子S7-300系列PLC

图1-8　常见中档 PLC 实物图

图 1-9 为常见高档 PLC 实物图。

图1-9　常见高档 PLC 实物图

1.1.4　按生产厂家分类

　　PLC 的生产厂家较多，如美国的 AB 公司、通用电气公司，德国的西门子公司，法国的 TE 公司，日本的欧姆龙、三菱、富士等公司，都是目前市场上的主流且具有代表性的生产厂家。

　　图 1-10 为不同厂家生产的 PLC。

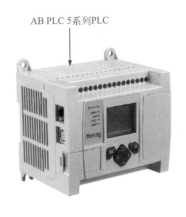
AB PLC 5系列PLC

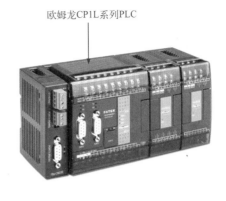
欧姆龙CP1L系列PLC

三菱FX2N-48MR型PLC

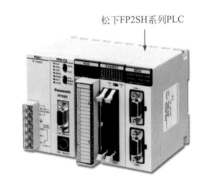
松下FP2SH系列PLC

图 1-10　不同厂家生产的 PLC

1.2　PLC 的功能特点

PLC 的发展极为迅速，随着技术的不断更新，PLC 的控制功能，数据采集、存储、处理功能，可编程、调试功能，通信联网功能，人机界面功能等也逐渐变得强大，使得 PLC 的应用领域得到进一步的急速扩展，广泛应用于各行各业的控制系统中。

1.2.1　继电器控制与 PLC 控制

简单地说，PLC 是一种在继电器、接触器控制基础上逐渐发展起来的以计算机技术为依托，运用先进的编辑语言来实现诸多功能的新型控制系统，采用程序控制方式是它与继电器控制系统的主要区别。

继电器控制与
PLC 控制

PLC 问世以前，在农机、机床、建筑、电力、化工、交通运输等行业中是继电器控制系统占主导地位的。继电器控制系统以其结构简单、价格低廉、易于操作等优点得到了广泛的应用，如图 1-11 所示。

小型机械设备的继电器控制系统

大型机械设备的继电器控制系统

图1-11 典型继电器控制系统

　　然而，随着工业控制的精细化程度和智能化水平的提升，以继电器为核心的控制系统已经满足不了工业生产的需要。

　　科研人员将计算机技术、自动化技术以及微电子和通信技术相结合，研发出了更加先进的自动化控制系统，这就是 PLC。

　　PLC 作为专门为工业生产过程提供自动控制的装置，采用了全新的控制理念。PLC 通过其强大的输入、输出接口与工业控制系统中的各种部件相连（如控制按键、继电器、传感器、电动机、指示灯等），图 1-12 为 PLC 的功能图。

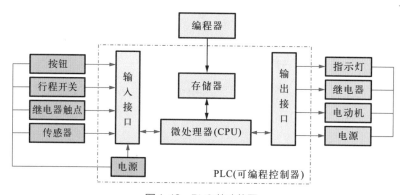

图1-12 PLC 的功能图

通过编程器编写控制程序（PLC 语句），将控制程序存入 PLC 中的存储器并在微处理器（CPU）的作用下执行逻辑运算、顺序控制、计数等操作指令。这些指令会以数字信号（或模拟信号）的形式送到输入端、输出端，从而控制输入端、输出端接口上连接的设备，协同完成生产过程。

图 1-13 为 PLC 硬件系统模型图。

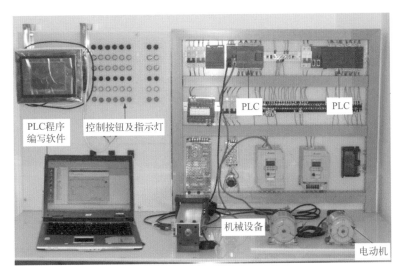

图 1-13　PLC 硬件系统模型图

> **提示说明**
>
> 　　PLC 控制系统用标准接口取代了硬件安装连接。用大规模集成电路与可靠元件的组合取代线圈和活动部件的搭配，并通过计算机进行控制。这样不仅大大简化了整个控制系统，而且也使得控制系统的性能更加稳定，功能更加强大。在拓展性和抗干扰能力方面也有了显著的提高。
>
> 　　PLC 控制系统的最大特色是在改变控制方式和效果时不需要改动电气部件的物理连接线路，只需要通过 PLC 程序编写软件重新编写 PLC 内部的程序即可。

1.2.2　PLC 的功能应用

国际电工技术委员会（简称 IEC）将 PLC 定义为"数字运算操作的电子系统"，专为在工业环境下应用而设计。它采用可编程序的存储器，存储执行逻辑运算、顺序控制、定时、计数和算术运算等操作指令，并通过数字的或模拟的输入和输出，控制各种类型的机械或生产过程。

（1）PLC 的功能特点

① 控制功能　生产过程的物理量由传感器检测后，经变压器变成标准信号，经多路切换开关和 A-D 转换器变成适合 PLC 处理的数字信号，经光耦合器送给 CPU，光耦合器具有隔离功能；数字信号经 CPU 处理后，再经 D-A 转换器变成模拟信号输出。模拟信号经驱动电路驱动控制泵电动机、加热器等设备，可实现自动控制。

PLC 的功能特点

图 1-14 为 PLC 的控制功能图。

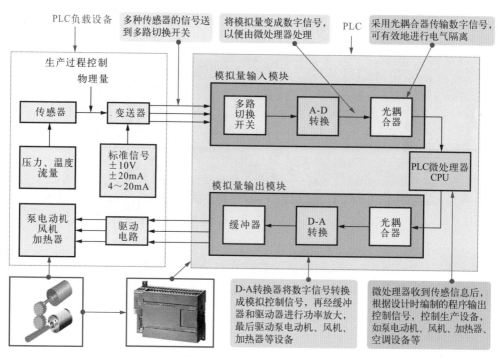

图 1-14　PLC 的控制功能图

② 数据采集、存储、处理功能　PLC 具有数学运算，数据的传送、转换、排序，数据移位等功能，可以完成数据的采集、分析，数据处理，模拟数据处理等操作。这些数据还可以与存储在存储器中的参考值进行比较，完成一定的控制操作，也可以将数据进行传输或直接打印输出。

图 1-15 为 PLC 的数据采集、存储、处理功能图。

③ 通信联网功能　PLC 具有通信联网功能，可以与远程 I/O、其他 PLC、计算机、智能设备（如变频器、数控装置等）之间进行通信。

图 1-16 为 PLC 的通信联网功能图。

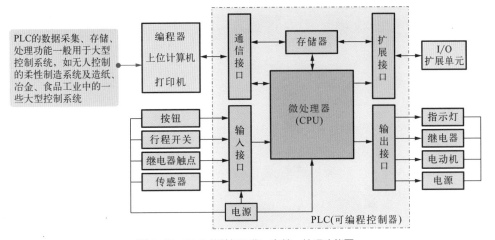

图 1-15　PLC 的数据采集、存储、处理功能图

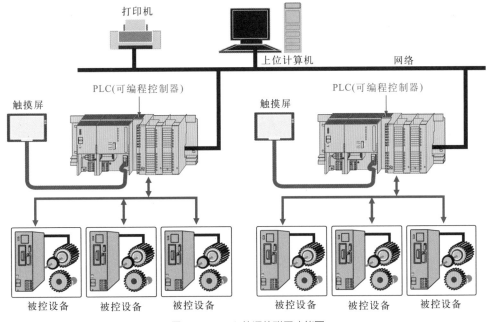

图 1-16　PLC 的通信联网功能图

④ 可编程、调试功能　PLC 通过存储器中的程序对 I/O 接口外接的设备进行控制，存储器中的程序可根据实际情况和应用进行编写，一般可将 PLC 与计算机通过编程电缆进行连接，实现对其内部程序的编写、调试、监视、实验和记录，如图 1-17 所示。这也是 PLC 区别于继电器等其他控制系统最大的功能优势。

⑤ 运动控制功能　PLC 使用专用的运动控制模块，对直线运动或圆周运动的位置、速度和加速度进行控制，该控制功能广泛应用于机床、机器人、电梯等场合。

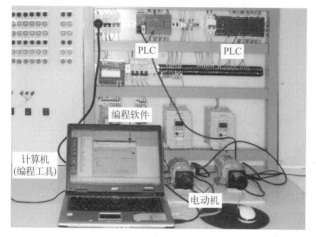

用编程软件编写不同的程序即可实现对控制对象的不同控制要求，无需改变电气连接

PLC

PLC

编程软件

计算机（编程工具）

电动机

图 1-17 PLC 的可编程、调试功能

⑥ 过程控制功能 过程控制是指对温度、压力、流量、速度等模拟量的闭环控制。作为工业控制计算机，PLC 能编制各种各样的控制算法程序，完成闭环控制。另外，为了使 PLC 能够完成加工过程中对模拟量的自动控制，还可以实现模拟量（Analog）和数字量（Digital）之间的 A-D 及 D-A 转换。该控制功能广泛应用于冶金、化工、热处理、锅炉控制等场合。

⑦ 监控功能 操作人员可通过 PLC 的编程器或监视器对定时器、计数器以及逻辑信号状态、数据区的数据进行设定，同时还可对其 PLC 各部分的运行状态进行监视。

⑧ 停电记忆功能 PLC 内部设置停电记忆功能，该功能是在内部的存储器所使用的 RAM 中设置了停电保持器件，使断电后该部分存储的信息不变，电源恢复后，可继续工作。

⑨ 故障诊断功能 PLC 内部设有故障诊断功能，该功能可对系统构成、硬件状态、指令的正确性等进行诊断。当发现异常时，会控制报警系统发出报警提示声，同时在监视器上显示错误信息；当故障严重时则会发出控制指令停止运行，从而提高 PLC 控制系统的安全性。

（2）PLC 的应用

目前，PLC 已经成为生产自动化、现代化的重要标志。众多电子器件生产厂商都投入到了 PLC 产品的研发中，PLC 的品种越来越丰富，功能越来越强大，应用也越来越广泛，无论是生产、制造还是管理、检验，都可以看到 PLC 的身影。

例如，PLC 在电子产品制造设备中主要用来实现自动控制功能。PLC 在电子元件加工、制造设备中作为控制中心，使元件的输送定位驱动电动机、加工深度调整电动机、旋转电动机和输出电动机能够协调运转、相互配合，实现自动化工作。

图 1-18 为 PLC 在电子产品制造设备中的应用示意图。

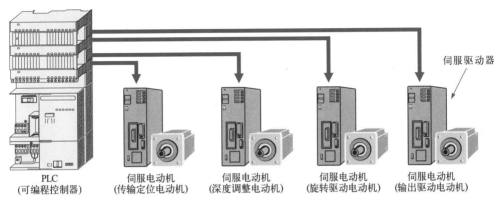

图 1-18　PLC 在电子产品制造设备中的应用示意图

又如，在纺织机械中有多个电动机驱动的传动机构，互相之间的传动速度和相位都有一定的要求。通常，纺织机械系统中的电动机普遍采用通用变频器控制，所有的变频器统一由 PLC 控制。工作时，每套传动系统将转速信号通过高速计数器反馈给 PLC，PLC 根据速度信号即可实现自动控制，使各部件协调一致地工作。

图 1-19 为 PLC 在纺织机械中的应用示意图。

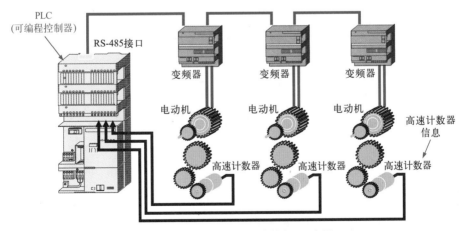

图 1-19　PLC 在纺织机械中的应用示意图

第 2 章

三菱 PLC 种类与结构

随着 PLC 技术的不断普及，PLC 已应用到控制领域的各个方面，其控制对象也越来越多样化。

在使用三菱 PLC 的控制系统中，为了实现一些复杂且特殊的控制功能，需将不同功能的产品进行组合或扩展。目前，三菱 PLC 的主要产品包括 PLC 基本单元和功能模块，其中功能模块根据功能不同可分为扩展单元、扩展模块、模拟量 I/O 模块、通信扩展板等特殊功能模块。

图 2-1 为三菱 PLC 硬件系统中的产品组成。

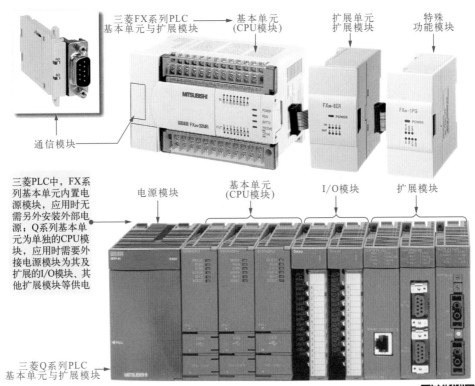

图 2-1　三菱 PLC 硬件系统中的产品组成

三菱 PLC 介绍

2.1　三菱 PLC 的基本单元

三菱 PLC 的基本单元是 PLC 的控制核心，也称为主单元，主要由 CPU、存储器、输入接口、输出接口及电源等构成，是 PLC 硬件系统中的必选单元。下面以三菱 FX 系列 PLC 为例介绍其硬件系统中的产品构成。

2.1.1　三菱 FX 系列 PLC 基本单元的规格参数

三菱 FX 系列 PLC 的基本单元，也称为 PLC 主机或 CPU 部分，属于集成型小型单元式 PLC，具有完整的性能和通信功能。常见 FX 系列产品主要有 FX_{1N}、FN_{2N} 和 FN_{3U} 几种，如图 2-2 所示。

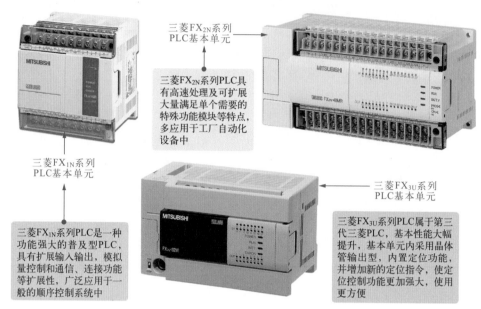

三菱FX_{2N}系列 PLC基本单元

三菱FX_{2N}系列PLC具有高速处理及可扩展大量满足单个需要的特殊功能模块等特点，多应用于工厂自动化设备中

三菱FX_{1N}系列 PLC基本单元

三菱FX_{1N}系列PLC是一种功能强大的普及型PLC，具有扩展输入输出，模拟量控制和通信、连接功能等扩展性，广泛应用于一般的顺序控制系统中

三菱FX_{3U}系列 PLC基本单元

三菱FX_{3U}系列PLC属于第三代三菱PLC，基本性能大幅提升，基本单元内采用晶体管输出型，内置定位功能，并增加新的定位指令，使定位控制功能更加强大，使用更方便

图 2-2 三菱 FX 系列 PLC 的基本单元

　　不同系列三菱 PLC 的基本单元的规格不同，以最常用的 FX_{2N} 系列为例，三菱 FX_{2N} 系列 PLC 的基本单元主要有 25 种类型，每一种类型的基本单元通过 I/O 扩展单元都可扩展到 256 个 I/O 点，根据其电源类型的不同，25 种类型的 FX_{2N} 系列 PLC 基本单元可分为交流电源和直流电源两大类。

　　表 2-1 为三菱 FX_{2N} 系列 PLC 基本单元的类型及 I/O 点数。

表 2-1　三菱 FX_{2N} 系列 PLC 基本单元的类型及 I/O 点数

AC 电源、24V 直流输入				
继电器输出	晶体管输出	晶闸管输出	输入点数	输出点数
FX_{2N}-16MR-001	FX_{2N}-16MT-001	FX_{2N}-16MS-001	8	8
FX_{2N}-32MR-001	FX_{2N}-32MT-001	FX_{2N}-32MS-001	16	16
FX_{2N}-48MR-001	FX_{2N}-48MT-001	FX_{2N}-48MS-001	24	24
FX_{2N}-64MR-001	FX_{2N}-64MT-001	FX_{2N}-64MS-001	32	32
FX_{2N}-80MR-001	FX_{2N}-80MT-001	FX_{2N}-80MS-001	40	40
FX_{2N}-128MR-001	FX_{2N}-128MT-001	—	64	64

DC 电源、24V 直流输入			
继电器输出	晶体管输出	输入点数	输出点数
FX$_{2N}$-32MR-D	FX$_{2N}$-32MT-D	16	16
FX$_{2N}$-48MR-D	FX$_{2N}$-48MT-D	24	24
FX$_{2N}$-64MR-D	FX$_{2N}$-64MT-D	32	32
FX$_{2N}$-80MR-D	FX$_{2N}$-80MT-D	40	40

三菱 FX$_{2N}$ 系列 PLC 具有高速处理功能，可扩展多种满足特殊需要的扩展单元以及特殊功能模块（每个基本单元可扩展 8 个，可兼用 FX$_{0N}$ 的扩展单元及特殊功能模块），且具有很大的灵活性和控制能力，如多轴定位控制、模拟量闭环控制、浮点数运算、开平方运算和三角函数运算等。

表 2-2 为三菱 FX$_{2N}$ 系列 PLC 的基本性能技术指标。

表 2-2 三菱 FX$_{2N}$ 系列 PLC 的基本性能技术指标

项目	内容
运算控制方式	存储程序、反复运算
I/O 控制方式	批处理方式（在执行 END 指令时），可以使用输入输出刷新指令
运算处理速度	基本指令：0.08μm/ 基本指令；应用指令：1.52μm ～数百微秒 / 应用指令
程序语言	梯形图、语句表、顺序功能图
存储器容量	8 K 步，最大可扩展为 16 K 步（可选存储器，有 RAM、EPROM、EEPROM）
指令数量	基本指令：27 个；步进指令：2 个；应用指令；132 种，309 个
I/O 设置	最多 256 点

表 2-3 为三菱 FX$_{2N}$ 系列 PLC 的输入技术指标。

表 2-3 三菱 FX$_{2N}$ 系列 PLC 的输入技术指标

项目	内容
输入电压	DC 24 V
输入电流	输入端子 X0 ～ X7：7mA；其他输入端子：5mA
输入开关电流 OFF → ON	输入端子 X0 ～ X7：4.5mA；其他输入端子：3.5mA
输入开关电流 ON → OFF	<1.5mA
输入阻抗	输入端子 X0 ～ X7：3.3kΩ；其他输入端子：4.3kΩ
输入隔离	光隔离
输入响应时间	0 ～ 60ms
输入状态显示	输入 ON 时 LED 灯亮

表 2-4 为三菱 FX$_{2N}$ 系列 PLC 的输出技术指标。

表 2-4　三菱 FX$_{2N}$ 系列 PLC 的输出技术指标

项目		继电器输出	晶体管输出	晶闸管输出
外部电源		AC 250V，DC 30V 以下	DC 5 ~ 30V	AC 85 ~ 242V
最大负载	电阻负载	2A/1 点 8 A/4 点 COM 8 A/8 点 COM	0.5A/1 点 0.8A/4 点	0.3A/1 点 0.8A/4 点
	感性负载	80VA	12W，DC 24V	15VA，AC 100V 30VA，AC 200V
	灯负载	100W	1.5W，DC 24V	30W
响应时间	OFF → ON	约 10ms	0.2ms 以下	1ms 以下
	ON → OFF		0.2ms 以下 （24 V/200mA 时）	最大 10ms
开路漏电流		—	0.1mA 以下，DC 30V	1mA/AC 100V 2mA/AC 200V
电路隔离		继电器隔离	光电耦合器隔离	光敏晶闸管隔离
输出状态显示		继电器通电时 LED 灯亮	光电耦合器隔离驱动时 LED 灯亮	光敏晶闸管驱动时 LED 灯亮

2.1.2　三菱 FX 系列 PLC 基本单元的命名规则

三菱 FX 系列 PLC 基本单元的型号标识中，包括系列名称、I/O 点数、基本单元字母代号、输出形式、特殊品种等基本信息。

图 2-3 为三菱 FX 系列 PLC 基本单元型号的命名规则。

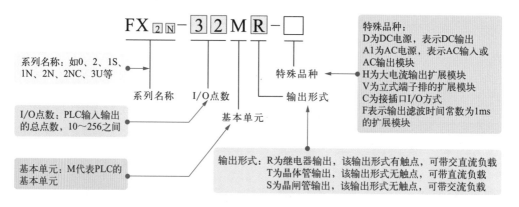

图 2-3　三菱 FX 系列 PLC 基本单元型号的命名规则

2.2　三菱 PLC 的功能模块

三菱 PLC 功能模块是指具有某种特定功能的扩展性单元，用于与 PLC 基本单元配合使用，用以扩展基本单元的功能、特性和适用范围。如使用 I/O 模块扩展输入、输出接口数量以及使用定位模块补充基本单元的定位功能等。

三菱 FX 系列 PLC 中，常用的功能模块主要包括扩展单元、扩展模块、模拟量 I/O 模块、通信扩展板、定位控制模块、高速计数模块及一些其他常用扩展模块。

2.2.1　扩展单元

扩展单元是一个独立的扩展设备，通常接在 PLC 基本单元的扩展接口或扩展插槽上，用于增加三菱 PLC 基本单元的 I/O 点数及供电电流的装置，内部设有电源，但无 CPU，因此需要与基本单元同时使用。当扩展组合供电电流总容量不足时，就需在 PLC 硬件系统中增设扩展单元进行供电电流容量的扩展。

图 2-4 为三菱 FX$_{2N}$ 系列 PLC 扩展单元的实物外形。

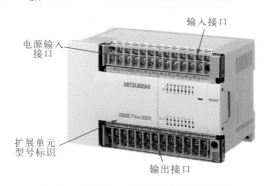

图 2-4　三菱 FX$_{2N}$ 系列 PLC 的扩展单元

三菱 FX 系列 PLC 扩展单元中，型号标识与基本单元类似，不同的是由字母 E 作为扩展单元的字母代号。

图 2-5 为三菱 FX$_{2N}$ 系列 PLC 扩展单元型号命名规则。

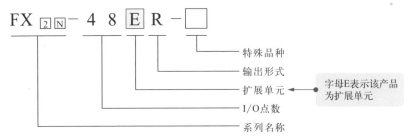

图 2-5　三菱 FX$_{2N}$ 系列 PLC 扩展单元型号命名规则

三菱 FX$_{2N}$ 系列 PLC 的扩展单元主要有 6 种类型，根据其输出类型的不同，6 种类型的 FX$_{2N}$ 系列 PLC 扩展单元可分为继电器输出和晶体管输出两大类，见表 2-5 所列。

表 2-5　三菱 FX$_{2N}$ 系列 PLC 扩展单元的类型及 I/O 点数

继电器输出	晶体管输出	I/O 点总数	输入点数	输出点数	输入电压	类型
FX$_{2N}$-32ER	FX$_{2N}$-32ET	32	16	16	24V 直流	漏型
FX$_{2N}$-48ER	FX$_{2N}$-48ET	48	24	24		
FX$_{2N}$-48ER-D	FX$_{2N}$-48ET-D	48	24	24		

2.2.2　扩展模块

三菱 PLC 的扩展模块是用于增加 PLC 的 I/O 点数及改变 I/O 比例的装置。图 2-6 为三菱 FX$_{2N}$ 系列 PLC 中的扩展模块实物图。

三菱 PLC 的扩展模块型号标识规则与扩展单元基本相同，不同的是输入 / 输出形式部分由不同的字母标识不同含义，如图 2-7 所示。

FX$_{2N}$-8EX 扩展模块

FX$_{2N}$-8EYR 扩展模块

FX$_{2N}$-8EYT 扩展模块

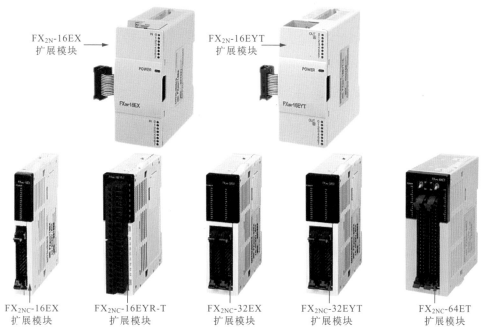

图 2-6　三菱 FX₂ₙ 系列 PLC 中的扩展模块实物图

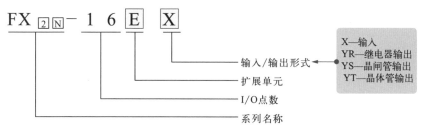

图 2-7　三菱 FX₂ₙ 系列 PLC 扩展模块型号命名规则

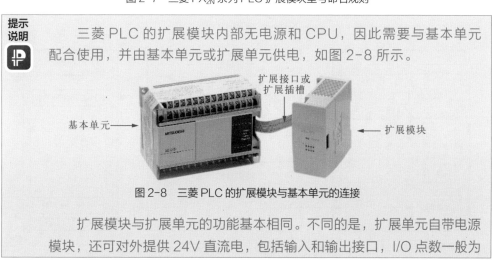

> **提示说明**
>
> 　　三菱 PLC 的扩展模块内部无电源和 CPU，因此需要与基本单元配合使用，并由基本单元或扩展单元供电，如图 2-8 所示。
>
> 图 2-8　三菱 PLC 的扩展模块与基本单元的连接
>
> 　　扩展模块与扩展单元的功能基本相同。不同的是，扩展单元自带电源模块，还可对外提供 24V 直流电，包括输入和输出接口，I/O 点数一般为

32 点、40 点和 48 点；而扩展模块内部无电源，由基本单元或扩展单元供给，只包括输入或输出接口，I/O 点数较少，一般为 8 点和 16 点。扩展模块与扩展单元内均无 CPU，因此均需要与基本单元一起使用。

2.2.3　模拟量 I/O 模块

模拟量 I/O 模块包含模拟量输入模块和模拟量输出模块两大部分，其中模拟量输入模块也称为 A-D 模块，它将连续变化的模拟输入信号转换成 PLC 内部所需的数字信号；模拟量输出模块也称为 D-A 模块，它将 PLC 运算处理后的数字信号转换为外部所需的模拟信号。

图 2-9 为三菱 PLC 模拟量 I/O 模块。

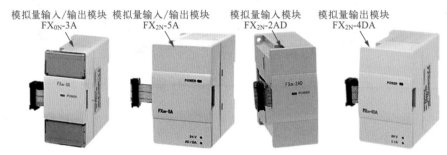

图 2-9　三菱 PLC 模拟量 I/O 模块

生产过程现场将连续变化的模拟信号（如压力、温度、流量等模拟信号）送入模拟量输入模块中，经循环多路开关后进行 A-D 转换，再经过缓冲区 BFM 后为 PLC 提供一定位数的数字信号。PLC 将接收到的数字信号根据预先编写好的程序进行运算处理，并将其运算处理后的数字信号输入到模拟量输出模块中，经缓冲区 BFM 后再进行 D-A 转换，为生产设备提供一定的模拟控制信号。

图 2-10 为模拟量 I/O 模块的工作流程。

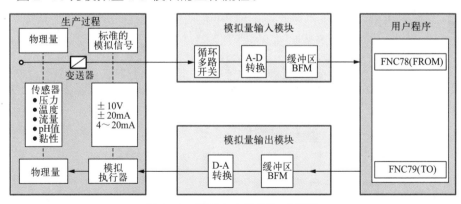

图 2-10　模拟量 I/O 模块的工作流程

提示说明

在三菱 PLC 模拟量输入模块的内部，DC 24V 电源经 DC/DC 转换器转换为 ±15V 和 5V 开关电源，为模拟输入单元提供所需工作电压，同时模拟输入单元接收 CPU 发送来的控制信号，经光耦合器后控制多路开关闭合，通道 CH1（或 CH2、CH3、CH4）输入的模拟信号经多路开关后进行 A-D 转换，再经光耦合器后为 CPU 提供一定位数的数字信号，如图 2-11 所示。

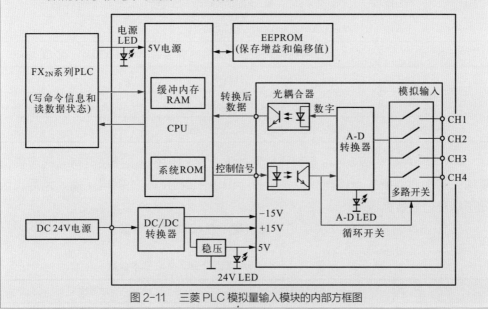

图 2-11　三菱 PLC 模拟量输入模块的内部方框图

不同型号的模拟量 I/O 模块的具体规格参数不同，以 FX$_{2N}$-4AD 模拟量输入模块和 FX$_{2N}$-5A 模拟量输入 / 输出模块为例简单介绍如下。

FX$_{2N}$-4AD 模拟量输入模块用于将通道输入的模拟电信号（电流或电压）转换成一定位数的数字信号，该模块共有 4 个输入通道，与基本单元之间通过 BFM 缓冲区进行数据交换，且消耗基本单元或有源扩展单元 5V 电源槽 30mA 的电流。

表 2-6、表 2-7 为三菱 PLC FX$_{2N}$-4AD 模拟量输入模块基本参数及电源指标等性能参数。

表 2-6　三菱 PLC FX$_{2N}$-4AD 模拟量输入模块基本参数

项目	内容
输入通道数量	4 个
最大分辨率	12 位
模拟值范围	DC － 10 ～ 10 V（分辨率为 5mV）或 4 ～ 20mA，－ 20 ～ 20mA（分辨率为 20 μ A）
BFM 数量	32 个（每个 16 位）
占用扩展总线数量	8 个点（可分配成输入或输出）

表 2-7　FX_{2N}-4AD 模拟量输入模块的电源指标及其他性能指标

项目		内容
模拟电路		DC 24V（1±10%），55mA（来自基本单元的外部电源）
数字电路		DC 5V，30mA（来自基本单元的内部电源）
耐压绝缘电压		AC 5000V，1min
模拟输入范围	电压输入	DC-10 ~ 10V（输入阻抗 200kΩ）
	电流输入	DC-20 ~ 20mA（输入阻抗 250Ω）
数字输出		12 位的转换结果以 16 位二进制补码方式存储，最大值 +2047，最小值 -2048
分辨率	电压输入	5 mV（10V 默认范围 1/2000）
	电流输入	20μA（20mA 默认范围 1/1000）
转换速度		常速：15ms/ 通道；高速：6ms/ 通道

　　FX_{2N}-5A 是三菱 FX_{2N} 系列模拟量输入 / 输出模块，该模块具有 4 通道模拟量输入和 1 通道模拟量输出；模块具有 -100 ~ 100mV 的微电压输入范围，因此不需要信号转换器等。

　　表 2-8 为三菱 PLC FX_{2N}-5A 模拟量 I/O 模块基本参数。

表 2-8　三菱 PLC FX_{2N}-5A 模拟量 I/O 模块基本参数

A/D	电压输入	电流输入
模拟量输入范围	DC -100 ~ 100mV、DC -10-10V（输入电阻 200kΩ）	DC -20 ~ 20mA、DC 4 ~ 20mA（输入电阻 250Ω）
输入特性	可对各通道设定输入模式（电压、电流输入）	
有效的数字量输出	11 位二进制 + 符号 1 位（±100mV 时）、15 位二进制 + 符号 1 位（±10V 时）	14 位二进制 + 符号 1 位
分辨率	50μV（±100mV 时）、312.5mV（±10V 时）	1.25mA、10mA（根据使用模式）
转换速度	1ms 使用的通道数（数字滤波功能 OFF 时）	
D—A	电压输出	电流输出
模拟量输出范围	DC -10 ~ 10V（负载电阻 2kΩ ~ 1MΩ）	DC 0 ~ 20mA、DC 4 ~ 20mA（500 以下）
转换速度	2ms（数字滤波功能 OFF 时）	
隔离方式	模拟量输入部分—PLC 间：光耦合器；电源—模拟量输入输出间：DC/DC 转换器；各通道间不隔离	
电源	DC 5V、70mA（内部供电），DC 24V±10%、90mA（外部供电）	
使用的三菱 PLC	FX_{1N}、FX_{2N}、FX_{3U}、FX_{2NC}（需要 FX_{2NC}-CNV-IF）、FX_{3UC} 三菱 PLC	

2.2.4　通信扩展板

通信扩展板主要用于完成 PLC 与 PLC、计算机、其他设备之间的通信。在三菱 FX$_{2N}$ 系列 PLC 中主要有 RS-232 通信扩展板 FX$_{2N}$-232-BD、RS-485 通信扩展板 FX$_{2N}$-485-BD、RS-422 通信扩展板 FX$_{2N}$-422-BD 等。

图 2-12 为三菱 FX$_{2N}$ 系列 PLC 中的通信扩展板。

RS-232通信扩展板　　　RS-485通信扩展板　　　RS-422通信扩展板　　　FX$_{2N}$通信扩展板
FX$_{2N}$-232-BD　　　　　　FX$_{2N}$-485-BD　　　　　　FX$_{2N}$-422-BD　　　　　　FX$_{2N}$-CNV-BD

通信扩展板安装在PLC基本单元内部，通过盖板防护，打开盖板即可看到

三菱PLC基本单元

图 2-12　三菱 FX$_{2N}$ 系列 PLC 中的通信扩展板

（1）RS-232 通信扩展板 FX$_{2N}$-232-BD

RS-232 通信扩展板 FX$_{2N}$-232-BD 是根据 RS-232C 传输标准连接PLC 与其他设备（计算机、打印机等）的扩展板，一般用于程序的传输，在 FX$_{2N}$ 系列 PLC 基本单元内仅可装入一台。表 2-9 为 RS-232 通信扩展板 FX$_{2N}$-232-BD 的通信规格参数。

表 2-9　RS-232 通信扩展板 FX$_{2N}$-232-BD 的通信规格参数

规格	内容	规格	内容
适用 PLC	FX$_{2N}$ 系列	奇偶校验	无、奇数、偶数
传送规格	RS-485/RS-422	停止位	1 位、2 位
传送距离	50m	波特率	300/600/1200/4800/9600/19200bit/s
消耗电流	30mA/DC 5 V	绝缘方式	非绝缘
通信方式	半双工通信	帧头和帧尾	无或任意数据
数据长度	7 位、8 位	可连接器	任意带有 RS-232 接口的设备

（2）RS-485 通信扩展板 FX$_{2N}$-485-BD

RS-485 通信扩展板 FX$_{2N}$-485-BD 是用于 PLC 与计算机、其他 PLC 之间进行数据传送的扩展板，在 FX$_{2N}$ 系列 PLC 基本单元内仅可装入一台，若与 FX$_{2N}$ 通信扩展板 FX$_{2N}$-CNV-BD 同时使用，可进行两台 FX$_{2N}$ 系列 PLC 基本单元的并行连接。表 2-10 为 RS-485 通信扩展板 FX$_{2N}$-485-BD 的通信规格。

表 2-10　RS-485 通信扩展板 FX$_{2N}$-485-BD 的通信规格

规格	内容	规格	内容
适用 PLC	FX$_{2N}$ 系列	波特率	300/600/1200/4800/9600/19200bit/s
传送规格	RS-485/RS-422	绝缘方式	非绝缘
传送距离	50m	帧头	无或任意数据
消耗电流	60mA/DC 5 V	控制线	无、硬件、调制解调器方式
通信方式	半双工通信	和校验	附加码或无
数据长度	7 位、8 位	结束符号	无或任意数据
奇偶校验	无	协议和步骤	专用协议
停止位	1 位、2 位	可连接器	计算机连接、并行连接、简易 PLC 连接

（3）RS-422 通信扩展板 FX$_{2N}$-422-BD

RS-422 通信扩展板 FX$_{2N}$-422-BD 用于连接编程工具（一次只能连接一个）、外围设备、人机界面以及数据存储单元（可连接两个），在 FX$_{2N}$ 系列 PLC 基本单元内仅可装入一台，且不能与 RS-232 通信扩展板 FX$_{2N}$-232-BD、RS-485 通信扩展板 FX$_{2N}$-485-BD 同时使用，表 2-11 为 RS-422 通信扩展板 FX$_{2N}$-422-BD 的通信规格。

表 2-11　RS-422 通信扩展板 FX$_{2N}$-422-BD 的通信规格

规格	内容	规格	内容
适用 PLC	FX$_{2N}$ 系列	绝缘方式	非绝缘
传送规格	RS-422	通信协议和程序	专用、编程规定
消耗电流	30mA/DC 5 V（由基本单元供电）	可连接器	数据存储单元（DU）、人机界面（GOT）、编程工具
传送距离	50m	—	—

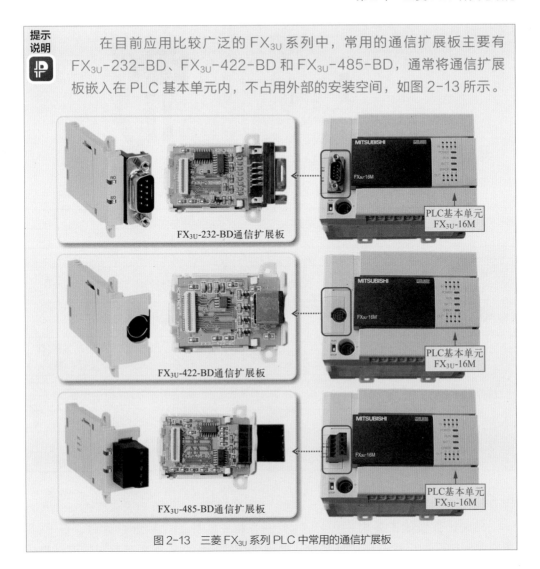

在目前应用比较广泛的 FX₃ᵤ 系列中，常用的通信扩展板主要有 FX₃ᵤ-232-BD、FX₃ᵤ-422-BD 和 FX₃ᵤ-485-BD，通常将通信扩展板嵌入在 PLC 基本单元内，不占用外部的安装空间，如图 2-13 所示。

FX₃ᵤ-232-BD通信扩展板

PLC基本单元 FX₃ᵤ-16M

FX₃ᵤ-422-BD通信扩展板

PLC基本单元 FX₃ᵤ-16M

FX₃ᵤ-485-BD通信扩展板

PLC基本单元 FX₃ᵤ-16M

图 2-13　三菱 FX₃ᵤ 系列 PLC 中常用的通信扩展板

2.2.5　定位模块

定位模块是对电动机迅速停机和准确定位的功能模块。电动机在切断电源后，由于惯性作用，还要继续旋转一段时间后才能完全停止。但在实际生产过程中有时候要求电动机能迅速停机和准确定位，此时定位控制显得尤为重要。

当所控制的机械设备要求定位控制时，需在 PLC 系统中加入定位控制模块，如通过脉冲输出模块 FX₂ₙ-1PG 和定位控制模块 FX₂ₙ-10GM 等实现机械设备的一点或多点的定位控制。图 2-14 为脉冲输出模块和定位控制模块的实物外形，其规格参数见表 2-12 所列。

图 2-14　脉冲输出模块和定位控制模块的实物外形

表 2-12　脉冲输出模块和定位控制模块的规格参数

规格	内容			
	FX₂ₙ-1PG		FX₂ₙ-10GM	
控制轴数	1 轴，不能做插补控制		1 轴	
输入输出占用点数	每台占用 PLC 的 8 个输入输出点数			
脉冲输出方式	开式连接器，晶体管输出，DC 24V、20mA 以下		开式连接器，晶体管输出，DC 5 ~ 24V	
控制输入	操作系统	STOP	操作系统	MANU、FWD、RVS/ZRN、START、STOP、手控脉冲器、步进运转输入
	机械系统	DOG		
	支持系统	PGO、正转界限、反转界限等	机械系统	DOG、LSF、LSR、中断 7 点
	其他输入接在 PLC 上		伺服系统	SVRDY、SVEND、PGO
			通用	X0 ~ X3
控制输出	支持系统 FP、FRC、CLR		伺服系统 FP、RF、CLR，通用 Y0 ~ Y5	

2.2.6　高速计数模块

高速计数模块主要用于对 PLC 控制系统中的脉冲个数进行计数，在 PLC 基本单元内一般设置有高速计数器，但当工业应用中的工作频率超过内部计数器的工作频率时，需在 PLC 硬件系统中配置高速计数器模块。

图 2-15 为三菱 FX₂ₙ 系列中常用的高速计数模块 FX₂ₙ-1HC 的实物外形，其规格参数见表 2-13 所列。该计数模块通过 PLC 的指令或外部输入可进行计数的复位或启动。

图 2-15　高速计数模块 FX₂ₙ-1HC 的实物外形

表 2-13　高速计数模块 FX₂N-1HC 的规格参数

规格		内容	规格		内容
计数范围	32 位二进制计数器	-2147483648 ~ +2147483648	最大频率	单相单输入	不超过 50kHz
				单相双输入	每个不超过 50kHz
	16 位二进制计数器	~ 65535（上限可由用户指定）		双相双输入	不超过 50kHz（1 倍数）不超过 25kHz（2 倍数）不超过 12.5kHz（3 倍数）
计数方式		单相双输入或双相双输入时自动向上 / 向下；单相单输入时，向上 / 向下由 PLC 指令或外部输入端子确定	信号等级		5 V、12V 和 24V，由端子的连接进行选择
比较类型		YH 直接输入，通过硬件比较器处理；YS 软件比较器处理后输出，最大延迟时间 300ms	输出类型		NPN 开路输出 2.5 ~ 24V，直流 0.5A/ 点
电源		由基本单元或电源扩展单元提供 DC 5V，90mA 电源	辅助功能		可通过 PLC 参数设置模式和比较结果；可监视当前值、比较结果和误差状态
占用输入输出点数		占用 8 个输入或输出点	适用 PLC		FX₁N 系列、FX₂N 系列 FX₂NC 系列

2.2.7　其他扩展模块

常见的三菱 PLC 产品中，除了上述功能模块外，还有一些其他功能的扩展模块，如热电偶温度传感器输入模块、凸轮控制模块等，如图 2-16 所示。

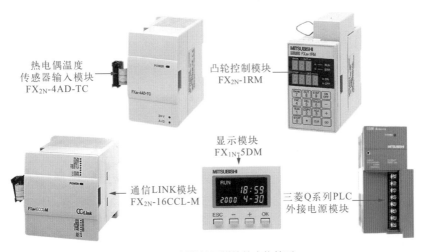

热电偶温度传感器输入模块 FX₂N-4AD-TC

凸轮控制模块 FX₂N-1RM

显示模块 FX₁N-5DM

通信 LINK 模块 FX₂N-16CCL-M

三菱 Q 系列 PLC 外接电源模块

图 2-16　其他扩展模块的实物外形

第 3 章

三菱 PLC 系统的安装、调试
与维护

3.1 三菱 PLC 系统的安装

3.1.1 PLC 硬件系统的选购原则

目前市场上的 PLC 多种多样，用户可根据系统的控制要求，选择不同技术性能指标的 PLC 来满足系统的需求，从而保证系统运行可靠、使用维护方便。在选购 PLC 时要考虑安装环境、控制速度、统一性、控制的复杂程度、被控对象、系统扩展性能及 I/O 点数等几方面因素。

（1）安装环境

不同厂家生产的不同系列和型号的 PLC，在其外形结构和适用环境条件上有很大的差异，在选用 PLC 类型时，可首先根据 PLC 实际工作环境的特点，进行合理的选择，如图 3-1 所示。

在一些使用环境比较固定和维修量较少、控制规模不大的场合，可以选择整体式的PLC；在一些使用环境比较恶劣、维修较多、控制规模较大的场合，可以选择适应性更强的模块组合式 PLC

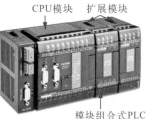

CPU模块　扩展模块

整体式PLC　　　　　　模块组合式PLC

图 3-1　根据安装环境选择 PLC

提示说明

在选购 PLC 中，环境因素是主要的选购参考依据，是确定机型结构的重要参考因素。三菱 PLC 的基本结构分整体式、模块式和混合式 3 种。

① 多数小型 PLC 均为整体式，适用于工作过程比较固定、环境条件较好的场合。

② 模块式 PLC 是指将 CPU 模块与输入模块、输出模块等组合使用，适用于工艺变化较多、控制要求较复杂的场合。

③ 混合式 PLC 是指将 CPU 主机与扩展模块配合使用，适用于控制要求复杂的场合，如图 3-2 所示。

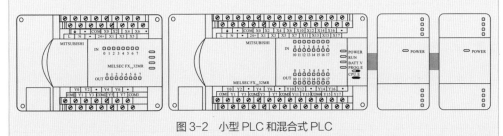

图 3-2　小型 PLC 和混合式 PLC

三菱 FX_{1N} 系列 PLC 具有输入 / 输出、逻辑控制、通信扩展功能，最多可达 128 点控制，适用于普通顺控要求的场合。

三菱 FX_{2N} 系列 PLC 具有较多的速度、定位控制、逻辑选件等，适用于大多数控制要求和环境。

（2）控制复杂程度

不同类型的 PLC 其功能上也有很大的差异，选择 PLC 时应根据系统控制的复杂程度进行选择。

例如：对于控制要求不高，只需进行简单的逻辑运算、定时、数据传送、通信等基本控制和运算功能的系统，选用低档的 PLC 即可满足控制要求；对于控制较为复杂、控制要求较高的系统，需要进行复杂的函数、PID、矩阵、远程 I/O、通信联网等较强的控制和运算功能的系统，则应视其规模及复杂程度，选择指令功能强大、具有较高运算速度的中档机或高档机进行控制，如图 3-3 所示。

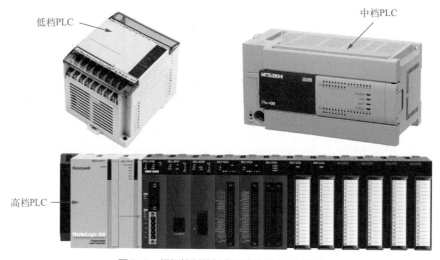

图 3-3　根据控制的复杂程度选择 PLC 类型

（3）控制速度

PLC 的扫描速度是 PLC 选用的重要指标之一，PLC 的扫描速度直接影响到系统控制的误差时间，因此在一些实时性要求较高的场合可选用高速 PLC，如图 3-4 所示。

（4）设备间统一性的匹配

由于机型统一的 PLC，其功能和编程方法也相同，所以使用由统一机型组成的 PLC 系统，不仅仅有利于设备的采购与管理，也有助于技术人员的培训以及技术水平的提高。另外，由于统一机型 PLC 设备的通用性，其资源可以共享，使用一台计算机就可以将多台 PLC 设备连接成一个控制系统，进行集中的管理。因此，在进行 PLC 机型的选择时，应尽量选择同一机型的 PLC，如图 3-5 所示。

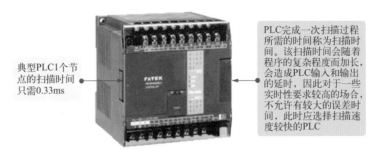

典型PLC1个节点的扫描时间只需0.33ms

PLC完成一次扫描过程所需的时间称为扫描时间。该扫描时间会随着程序的复杂程度而加长，会造成PLC输入和输出的延时，因此对于一些实时性要求较高的场合，不允许有较大的误差时间，此时应选择扫描速度较快的PLC

图 3-4　根据控制速度选择 PLC 类型

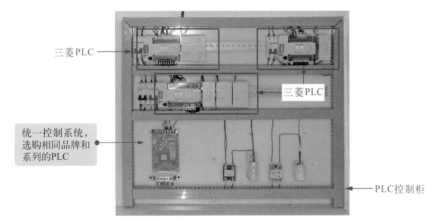

三菱PLC

三菱PLC

统一控制系统，选购相同品牌和系列的PLC

PLC控制柜

图 3-5　根据机型统一的原则选择 PLC

（5）被控对象

为应对不同的被控对象，每一种规格的三菱 PLC 都有三种输出端子类型，即继电器输出、晶体管输出和晶闸管输出。在实际应用时要分析被控对象的控制过程和工作特点，合理选配 PLC，如图 3-6 所示。

（6）I/O 点数

I/O 点数是 PLC 选用的重要指标，是衡量 PLC 规模大小的标志。若不加以统计，一个小的控制系统，却选用中规模或大规模 PLC，不仅会造成 I/O 点数的闲置，也会造成投入成本的浪费，因此在选用 PLC 时，应对其使用的 I/O 点数进行估算，合理地选用 PLC，如图 3-7 所示。

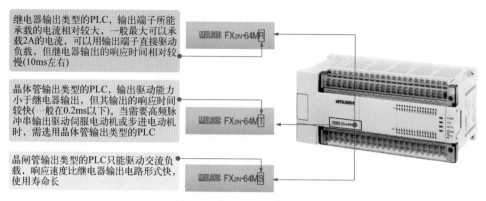

继电器输出类型的PLC，输出端子所能承载的电流相对较大，一般最大可以承载2A的电流，可以用输出端直接驱动负载，但继电器输出的响应时间相对较慢(10ms左右)

晶体管输出类型的PLC，输出驱动能力小于继电器输出，但其输出的响应时间较快(一般在0.2ms以下)。当需要高频脉冲串输出驱动伺服电动机或步进电动机时，需选用晶体管输出类型的PLC

晶闸管输出类型的PLC只能驱动交流负载，响应速度比继电器输出电路形式快，使用寿命长

MELSEC FX2N-64M[R]

MELSEC FX2N-64M[T]

MELSEC FX2N-64M[S]

图 3-6 根据被控对象选择 PLC

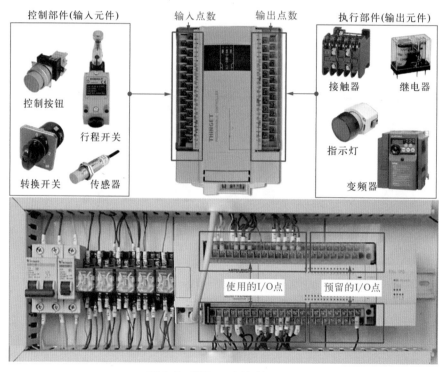

控制部件(输入元件)   输入点数   输出点数   执行部件(输出元件)

控制按钮
行程开关
转换开关   传感器

接触器   继电器
指示灯
变频器

使用的I/O点   预留的I/O点

图 3-7 根据 I/O 点数选择 PLC

提示说明

在明确控制对象的控制要求基础上，分析和统计所需的控制部件（输入元件，如按钮、转换开关、行程开关、继电器的触点、传感器等）的个数和执行元件（输出元件，如指示灯、继电器或接触器线圈、电磁铁、变频器等）的个数，根据这些元件的个数确定所需 PLC 的 I/O 点数，且一般选择 PLC 的 I/O 数应有 15% ～ 20% 的预留，以满足生产规模的扩大和生产工艺的改进。

（7）存储器容量

用户存储器用于存储开关量输入 / 输出、模拟量输入 / 输出以及用户编写的程序等，在选用 PLC 时，应使选用的 PLC 的存储器容量满足用户存储需求。

选择 PLC 用户存储器容量时，应参考开关量 I/O 点数以及模拟量 I/O 点数对其存储器容量进行估算，在估算的基础上留有 25% 的余量即为应选择的 PLC 用户存储器容量。

> **提示说明**
>
> 用户存储器容量用字数体现，其估算公式如下：
>
> 存储器字数 =（开关量 I/O 点数 ×10）+（模拟量 I/O 点数 ×150）。
>
> 另外，用户存储器的容量除了和开关量 I/O 点数、模拟量 I/O 点数有关外，还和用户编写的程序有关，不同的编程人员所编写程序的复杂程度会有所不同，使其占用的存储容量也不相同。

（8）PLC 系统扩展性能

当单独的 PLC 主机不能满足系统要求时，可根据系统的需要选择一些扩展类模块，以增大系统规模和功能，如图 3-8 所示。

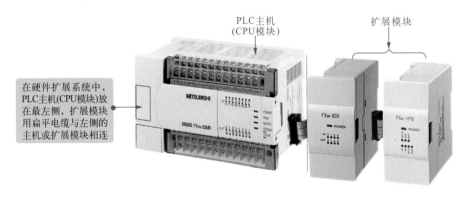

图 3-8　根据扩展性能选择 PLC

选择 PLC 输入模块时，应根据系统输入信号与 PLC 输入模块的距离进行选择，通常距离较近的设备选择低电压 PLC 输入模块，距离较远的设备选择高电压 PLC 输入模块。

另外，除了要考虑距离外，还应注意 PLC 输入模块允许同时接通的点数，通常允许同时接通的点数和输入电压、环境温度有关，如图 3-9 所示。

三菱 PLC 输出模块的输出方式主要有继电器输出方式、晶体管输出方式和晶闸管输出方式。选择 PLC 的输出模块时，应根据输出模块的输出方式进行选择，且输出模块输出的电流应大于负载电流的额定值，如图 3-10 所示。

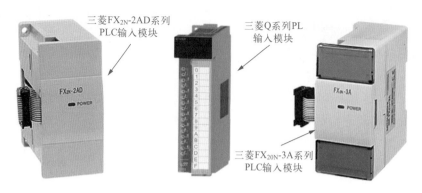

图 3-9　PLC 输入模块的选择

图 3-10　PLC 输出模块的选择

　　PLC 的特殊模块用于将温度、压力等过程变量转换为 PLC 所接收的数字信号，同时也可将其内部的数字信号转换成模拟信号输出。在选用 PLC 的特殊模块时，可根据系统的实际需要选择不同的 PLC 特殊模块，如图 3-11 所示。

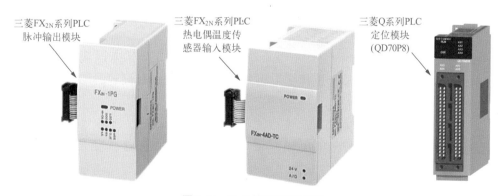

图 3-11　PLC 特殊模块的选择

提示说明

综合上述各种选购参考因素，三菱 PLC 的选型方法如下：

①分析被控对象对三菱 PLC 控制系统的控制要求，明确控制方案。

②根据控制系统的控制要求，确定 PLC 的输入（按钮、位置开关、转换开关等）和输出设备（接触器、电磁阀、指示灯等），以确定待选 PLC 的 I/O 点数。

③根据上述分析，结合选购参考因素以及三菱各系列 PLC 的功能特点、使用场合，明确选择三菱 PLC 的机型、容量、I/O 模块、电源等，完成三菱 PLC 的选型。

3.1.2　PLC 系统的安装和接线要求

PLC 属于新型自动化控制装置的一种，是由基本的电子元器件等组成的，为了保证 PLC 系统的稳定性，在 PLC 安装和接线时，需要先了解安装 PLC 系统的基本要求及接线原则，以免造成硬件连接错误，引起不必要的麻烦。

（1）PLC 系统安装环境的要求

安装 PLC 系统前，首先要确保安装环境符合 PLC 的基本工作需求，包括温度、湿度、振动及周边设备等各方面，见表 3-1 所列。

表 3-1　PLC 系统安装环境的要求

环境因素	具体安装要求
环境温度要求	安装 PLC 时应充分考虑 PLC 的环境温度，使其不得超过 PLC 允许的温度范围，通常 PLC 环境温度范用在 0 ~ 55℃之间，当温度过高或过低时，均会导致内部的元器件工作失常
环境湿度要求	PLC 对环境湿度也有一定的要求，通常 PLC 的环境湿度范围应在 35% ~ 85% 之间，湿度太大会使 PLC 内部元器件的导电性增强，可能导致元器件击穿损坏的故障
振动要求	PLC 不能安装在振动比较频繁的环境中（振动频率为 10 ~ 55Hz、幅度为 0.5mm），若振动频率过大可能会导致 PLC 内部的固定螺钉或元器件脱落、焊点虚焊
周边设备要求	确保 PLC 的安装远离 600V 高压电缆、高压设备以及大功率设备
其他环境要求	PLC 应避免安装在存在大量灰尘或导电灰尘、腐蚀或可燃性气体、潮湿或淋雨、过热等环境下

PLC 硬件系统一般安装在专门的 PLC 控制柜内，如图 3-12 所示，用以防止灰尘、油污、水滴等进入 PLC 内部，造成电路短路，从而导致 PLC 损坏。

为了保证 PLC 工作时其温度保持在规定环境温度范围内，安装 PLC 的控制柜应有足够的通风空间，如果周围环境超过 55℃，应安装通风扇，强制通风，如图 3-13 所示。

图 3-12 PLC 控制柜

图 3-13 PLC 系统的通风要求

提示说明

PLC 控制柜的通风方式有自然冷却方式、强制冷却方式、强制循环方式和整体封闭冷却方式，如图 3-14 所示。

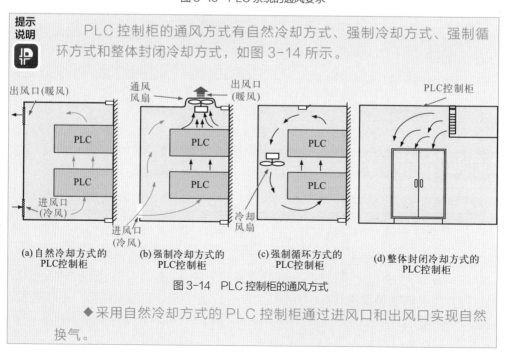

(a) 自然冷却方式的 PLC 控制柜 (b) 强制冷却方式的 PLC 控制柜 (c) 强制循环方式的 PLC 控制柜 (d) 整体封闭冷却方式的 PLC 控制柜

图 3-14 PLC 控制柜的通风方式

◆ 采用自然冷却方式的 PLC 控制柜通过进风口和出风口实现自然换气。

◆采用强制冷却方式的 PLC 控制柜是指在控制柜中安装通风扇，将 PLC 内部产生的热量通过通风扇排出，实现换气。

◆采用强制循环方式的 PLC 控制柜是指在控制柜中安装冷却风扇，将 PLC 产生的热量循环冷却。

◆采用整体封闭冷却方式的 PLC 控制柜采用全封闭结构，通过外部进行整体冷却。

（2）PLC 系统安装位置的要求

目前，三菱 PLC 安装时主要分为单排安装和双排安装两种。为了防止温度升高，PLC 单元应垂直安装且需要与控制柜箱体保持一定的距离，如图 3-15、图 3-16 所示。注意，不允许将 PLC 安装在封闭空间的地板和天花板上。

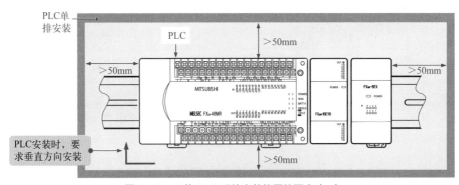

图 3-15　三菱 PLC 系统安装位置的要求（一）

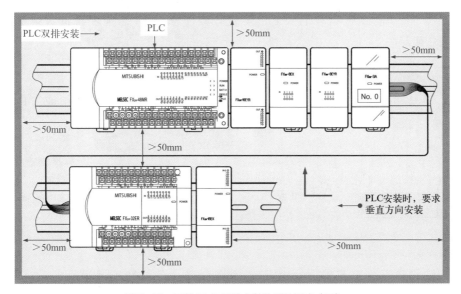

图 3-16　三菱 PLC 系统安装位置的要求（二）

（3）PLC 系统安装操作的要求

在进行 PLC 安装操作时，需要首先了解安装过程中的基本规范、注意事项、安全要求等各方面操作要求，如图 3-17 所示。

①安装PLC时，应在断电情况下进行操作，同时为了防止静电对PLC的影响，应借助防静电设备或用手接触金属物体将人体的静电释放后，再对PLC进行安装

②PLC若要正常工作，最重要的一点就是要保证供电线路正常。在一般情况下，PLC供电电源的要求为交流220V/50Hz，三菱FX系列的PLC还有一路24V的直流输出引线，用来连接光电开关、接近开关等传感器件

③在电源突然断电的情况下，PLC的工作应在小于10ms时不受影响，以免电源电压突然的波动影响PLC工作。在电源断开时间大于10ms时，PLC应停止工作

通风窗

PLC

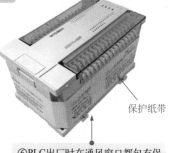

保护纸带

④特别要注意安装过程中防止碎片从通风窗口掉入PLC内部，比如导线切割碎片、线头、铁屑等

⑤PLC设备本身带有抗干扰能力，可以避免交流供电电源中的轻微干扰波形。若硬件系统供电电源中的干扰比较严重，则需要安装一个1:1的隔离变压器，以减少电流磁场干扰

⑥PLC出厂时在通风窗口都包有保护纸带，以确保运输或安装前没有异物、灰尘进入。一旦安装结束，要清除保护纸带，以防止过热，影响PLC的使用效果

图 3-17　三菱 PLC 系统的安装操作要求

PLC 的安装方式通常有安装孔垂直安装和 DIN 导轨安装两种，用户在安装时可根据安装条件进行选择。其中，安装孔垂直安装是指利用 PLC 机体上的安装孔，将 PLC 固定在安装地板上，安装时应注意 PLC 必须保持垂直状态，如图 3-18 所示。

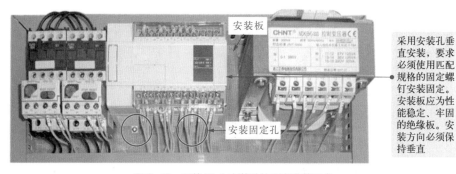

安装板

安装固定孔

采用安装孔垂直安装，要求必须使用匹配规格的固定螺钉安装固定。安装板应为性能稳定、牢固的绝缘板。安装方向必须保持垂直

图 3-18　三菱 PLC 安装孔的垂直安装要求

DIN 导轨安装方式是指利用 PLC 底部外壳上的导轨安装槽及卡扣将 PLC 安装在 DIN 导轨（一般宽 35mm）上，如图 3-19 所示。

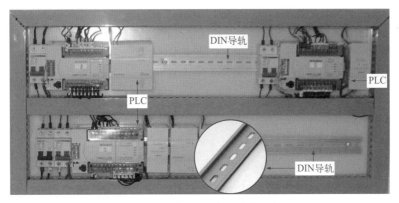

图 3-19　三菱 PLC 导轨的安装示意图

> **提示说明**
> 注意，在振动频繁的区域切记不要使用 DIN 导轨安装方式。
> 另外，若需要从导轨上卸下 PLC，应注意要先拉开卡住 DIN 导轨的弹簧夹，一旦弹簧夹脱离导轨，PLC 向上移即可卸下，切不可盲目用力，损伤 PLC 导轨槽，影响回装。

（4）PLC 系统的接地要求

有效的接地可以避免脉冲信号的冲击干扰，因此在对 PLC 设备或 PLC 扩展模块进行安装时，应保证其良好接地，以免脉冲信号损坏 PLC 设备，如图 3-20 所示。

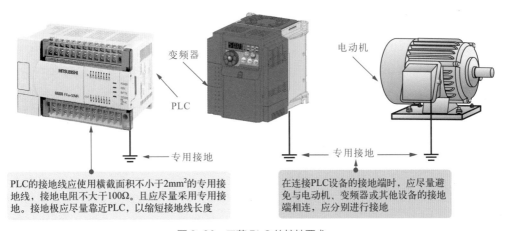

PLC的接地线应使用横截面积不小于2mm²的专用接地线，接地电阻不大于100Ω。且应尽量采用专用接地。接地极应尽量靠近PLC，以缩短接地线长度

在连接PLC设备的接地端时，应尽量避免与电动机、变频器或其他设备的接地端相连，应分别进行接地

图 3-20　三菱 PLC 的接地要求

> **提示说明**
> 若无法采用专用接地时，可将 PLC 的接地极与其他设备的接地极相连接，构成共用接地。但严禁将 PLC 的接地线与其他设备的接地线连接，采用共用接地线的方法进行 PLC 的接地，如图 3-21 所示。

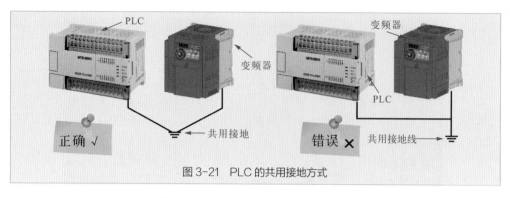

图 3-21　PLC 的共用接地方式

（5）PLC 输入端的接线要求

PLC 一般使用限位开关、按钮等控制，且输入端还常与外部传感器连接，因此在对 PLC 输入端的接口进行接线时，应注意 PLC 输入端的接线要求，见表 3-2 所列。

表 3-2　PLC 输入端的接线要求

输入端接线要求类型	具体要求内容
接线长度要求	输入端的连接线不能太长，应限制在 30m 以内，若连接线过长，则会使输入设备对 PLC 的控制能力下降，影响控制信号输入的精度
避免干扰要求	PLC 的输入端引线和输出端的引线不能使用同一根多芯电缆，以免造成干扰，或引线绝缘层损坏时造成短路故障

（6）PLC 输出端的接线要求

PLC 设备的输出端一般用来连接控制设备，如继电器、接触器、电磁阀、变频器、指示灯等，在连接输出端的引线或设备时，应注意 PLC 输出端的接线要求，见表 3-3 所列。

表 3-3　PLC 输出端的接线要求

要求项目	具体要求内容
外部设备要求	若 PLC 的输出端连接继电器设备时，应尽量选用工作寿命比较长（内部开关动作次数多）的继电器，以免负载（电感性负载）影响到继电器的工作寿命
输出端子及电源接线要求	在连接 PLC 输出端的引线时，应将独立输出和公共输出分别进行分组连接。在不同的组中，可采用不同类型和电压输出等级的输出电压；而在同一组中，只能选择同一种类型、同一个电压等级的输出电源
输出端保护要求	输出元件端应安装熔断器进行保护，由于 PLC 的输出元件安装在印制电路板上，使用连接线连接到端子板，若错接而将输出端的负载短路，则可能会烧毁印制电路板。安装熔断器后，若出现短路故障则熔断器快速熔断，保护电路板

续表

要求项目	具体要求内容
防干扰要求	PLC 的输出负载可能产生噪声干扰，因此要采取措施加以控制
安全要求	除了在 PLC 中设置控制程序防止对用户造成伤害，还应设计外部紧急停止工作电路，在 PLC 出现故障后，能够手动或自动切断电源，防止危险发生
电源输出引线要求	直流输出引线和交流输出引线不应使用同一个电缆，且输出端的引线要尽量远离高压线和动力线，避免并行或干扰

提示说明

PLC 输入 / 输出（以下标识为 I/O）端子接线时，应注意：

◆ I/O 信号连接电缆不要靠近电源电缆，不要共用一个防护套管，低压电缆最好与高压电缆分开并相互绝缘。

◆ 如果 I/O 信号连接电缆的距离较长，要考虑信号的压降以及可能造成的信号干扰问题。

◆ I/O 端子接线时，应防止端子螺钉的连接松动造成的故障。

◆ 三菱 FX$_{2N}$ 系列产品的接线端子在接线时，电缆线端头要使用扁平接头，如图 3-22 所示。

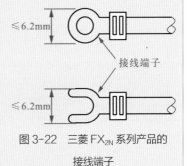

图 3-22　三菱 FX$_{2N}$ 系列产品的接线端子

（7）PLC 电源的接线要求

电源供电是 PLC 正常工作的基本条件，必须严格按照要求对 PLC 的供电端接线，见表 3-4 所列，确保 PLC 的基本工作条件稳定可靠。

表 3-4　PLC 电源的接线要求

电源端子	接线要求
电源输入端	• 接交流输入时，相线必须接到"L"端，零线必须接在"N"端 • 接直流输入时，电缆正极必须接到"+"端，电缆负极必须接在"−"端 • 电源电缆绝不能接到 PLC 的其他端子上 • 电源电缆的截面积不小于 2mm^2 • 进行维修作业时，要有可靠的方法使系统与高压电源完全隔离开 • 急停的状态下，通过外部电路来切断基本单元和其他配置单元的输入电源
电源公共端	• 如果在已安装的系统中从 PLC 主机到功能性扩展模块都使用电源公共端子，则要连接 0V 端子，不要接 24V 端子 • PLC 主机的 24V 端子不能接外部电源

> **提示说明**
>
> PLC 接线时，还需要确保负载安全。应满足以下条件。
> • 确保所有负载都在 PC 输出的同侧。
> • 同一个负载不能同时执行不同控制要求（如电动机运转方向的控制）。
> • 在对安全有严格要求的场合，不能只依靠 PLC 内的程序来实现安全控制，而要在所有存在危险的电路中加入相应的机械互锁。

（8）PLC 扩展模块的连接要求

当一个整体式 PLC 不能满足系统要求时，可采用连接扩展模块的方式，在将 PLC 主机与扩展模块连接时也有一定的要求 [以三菱 FX_{2N} 系列主机（基本单元）为例]。

① FX_{2N} 基本单元与 FX_{2N}、FX_{0N} 扩展设备的连接要求　当 FX_{2N} 系列 PLC 基本单元的右侧与 FX_{2N} 的扩展单元、扩展模块、特殊功能模块或 FX_{0N} 的扩展模块、特殊功能模块连接时，可直接将这些模块通过扁平电缆与基本单元进行连接，如图 3-23 所示。

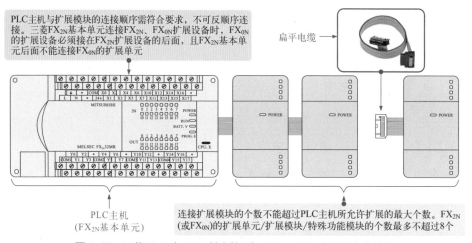

图 3-23　三菱 PLC 中 FX_{2N} 基本单元与 FX_{2N}、FX_{0N} 扩展设备的连接

② FX_{2N} 基本单元与 FX_1、FX_2 扩展设备的连接要求　当 FX_{2N} 系列 PLC 基本单元的右侧与 FX_1、FX_2 扩展单元、扩展模块、特殊功能模块连接时，需使用 FX_{2N}-CNV-IF 型转换电缆进行连接，如图 3-24 所示。

③ FX_{2N} 基本单元与 FX_{2N}、FX_{0N}、FX_1、FX_2 扩展设备的混合连接要求　当 FX_{2N} 基本单元与 FX_{2N}、FX_{0N}、FX_1、FX_2 扩展设备混合连接时，需将 FX_{2N}、FX_{0N} 的扩展设备直接与 FX_{2N} 基本单元连接，然后在 FX_{2N}、FX_{0N} 扩展设备后使用 FX_{2N}-CNV-IF 型转换电缆连接 FX_1、FX_2 扩展设备，不可反顺序连接，如图 3-25 所示。

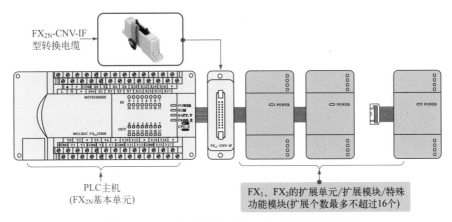

图 3-24　FX$_{2N}$ 基本单元与 FX$_1$、FX$_2$ 扩展设备的连接

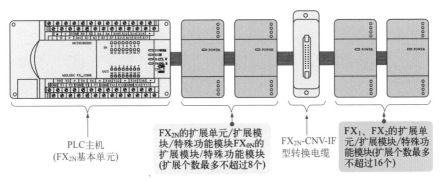

图 3-25　FX$_{2N}$ 基本单元与 FX$_{2N}$、FX$_{0N}$、FX$_1$、FX$_2$ 扩展设备的混合连接要求

提示说明

　　在进行 PLC 扩展设备的连接时，不可将 FX$_{2N}$、FX$_{0N}$ 扩展设备连接在 FX$_1$、FX$_2$ 扩展设备的后面，这种连接方法是错误的。在 FX$_{2N}$ 系列 PLC 中，基本单元后面一旦使用 FX$_{2N}$-CNV-IF 型转换电缆连接了 FX$_1$、FX$_2$ 扩展设备后，就不能再使用 FX$_{2N}$、FX$_{0N}$ 的扩展设备了，如图 3-26 所示。

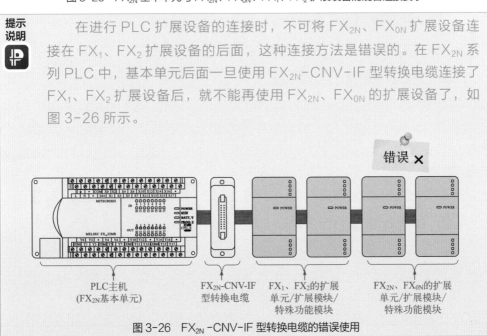

图 3-26　FX$_{2N}$ -CNV-IF 型转换电缆的错误使用

提示
说明

在进行三菱 PLC 硬件系统的扩展连接时，其增加的扩展模块消耗的电流量应在供给电流量的基本单元或扩展单元的总电流量以内，当电流量不够时应增加扩展单元进行电流量的补充，其剩余的电流量则可作为传感器或负载的电源。

在三菱 FX_{2N} 系列 PLC 的基本单元和扩展单元的内部都设有电源，均可向扩展模块提供 DC 24V 的电源，不同型号的基本单元和扩展单元供给电流量也不相同。

例如：三菱 FX_{2N}-48MR 型 PLC 基本单元的右侧连接了两个扩展模块，分别为 FX_{0N}-8EX（耗电量为 50mA）、FX_{0N}-8EYR（耗电量为 75mA），判断其两个扩展模块所消耗的电流量是否在基本单元供给电流量的范围内时，可通过计算系统的剩余电量判断。若计算的剩余电流量充足则即可进行扩展模块的连接。其计算公式如下：

剩余电流量＝供给电流量－消耗电流量＝460mA－（50mA+75mA）=335mA。

又如：三菱 FX_{2N}-48MR 型 PLC 基本单元的右侧连接了三个特殊功能模块，分别为 FX_{0N}-3A（耗电量 30mA）、FX-1HC（耗电量 70mA）、FX-10GM（自给），首先判断其三个特殊功能模块所消耗的电流量是否在基本单元供给电流量的范围内，若计算的剩余电流量充足则即可进行特殊功能模块的连接。其计算公式如下：

剩余电流量＝供给电流量－消耗电流量＝460mA－（30mA+70mA+0）=360mA。

3.1.3 PLC 系统的安装方法

三菱 PLC 系统通常安装在 PLC 控制柜内，避免灰尘、污物等的侵入，为增强 PLC 系统的工作性能，提高其使用寿命，安装时应严格按照 PLC 的安装要求进行安装。下面以采用 DIN 导轨安装方式为例，演示三菱 PLC 系统的安装及接线方法。

首先根据控制要求和安装环境，选择好适当的三菱 PLC 机型，如图 3-27 所示。

（1）安装并固定 DIN 导轨

根据对控制要求的分析，选择合适规模的控制柜，用于安装 PLC 及相关电气部件，确定 PLC 的安装位置。先将 DIN 导轨安装固定在 PLC 控制柜中，并使用螺钉旋具将固定螺钉拧入 DIN 导轨和 PLC 控制柜的固定孔中，将其 DIN 导轨固定在 PLC 控制柜上，如图 3-28 所示。

图 3-27　选择 PLC 机型

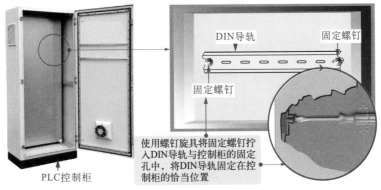

图 3-28　PLC 控制柜中 DIN 导轨的安装与固定

（2）安装并固定 PLC

将选好的三菱 PLC，按照安装要求和操作手法安装固定在 DIN 导轨上，如图 3-29 所示。

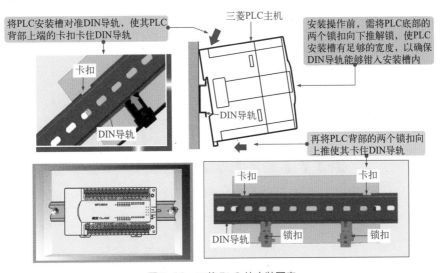

图 3-29　三菱 PLC 的安装固定

（3）打开端子排护罩

PLC 与输入、输出设备之间通过输入、输出接口端子排连接。在接线前，首先应将输入、输出接口端子排上的护罩打开，为接线做好准备，如图 3-30 所示。

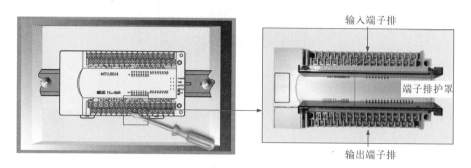

图 3-30　打开护罩

（4）输入 / 输出端子接线

PLC 的输入接口常与输入设备（如控制按钮、过热保护继电器等）进行连接，用于控制 PLC 的工作状态；PLC 的输出接口常与输出设备（接触器、继电器、晶体管、变频器等）进行连接，用来控制其工作。

再根据控制要求和设计分析，将相应的输入设备和输出设备连接到 PLC 输入、输出端子上，如图 3-31 所示，端子号应与 I/O 地址表相符。

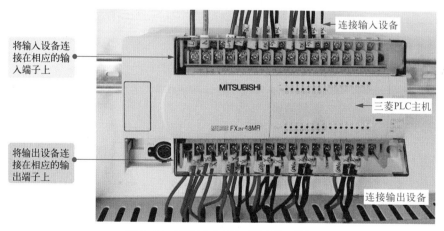

图 3-31　三菱 PLC 输入 / 输出端子接线

（5）PLC 扩展接口的连接

当 PLC 需连接扩展模块时，应先将其扩展模块安装在 PLC 控制柜内，然后再将扩展模块的数据线连接端插接在 PLC 扩展接口上，如图 3-32 所示。

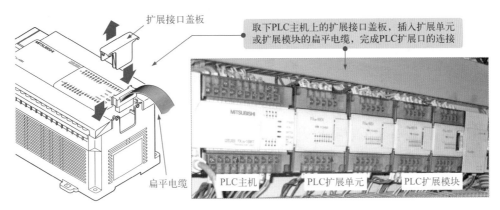

图 3-32　三菱 PLC 扩展接口的连接操作

3.2　三菱 PLC 系统的调试与维护

3.2.1　PLC 系统的调试

为了保障 PLC 的系统能够正常运行，在 PLC 系统安装接线完毕后，并不能立即投入使用，还要对安装后的 PLC 系统进行调试与检测，以免在安装过程中出现线路连接不良、连接错误、设备损坏等情况的发生，从而造成 PLC 系统短路、断路或损坏元器件等。

（1）初始检查

对 PLC 系统进行调试，首先在断电状态下，对线路的连接、工作条件进行初始检查，见表 3-5 所列。

表 3-5　PLC 系统的初始检查

调试项目	调试具体内容
检查线路连接	根据 I/O 原理图逐段确认 PLC 系统的接线有无漏接、错接之处，检查连接线的接点连接是否符合工艺标准。若通过逐段检查无异常，则可使用万用表检查连接的 PLC 系统线路有无短路、断路以及接地不良等现象，若出现连接故障应及时对其进行连接或调整
检查电源电压	在 PLC 系统通电前，检查系统供电电源与预先设计的 PLC 系统图中的电源是否一致，检查时，可合上电源总开关进行检测
检查 PLC 程序	将 PLC 程序、触摸屏程序、显示文本程序等输入到相应的系统内，若系统出现报警情况，应对其系统的接线、设定参数、外部条件以及 PLC 程序等进行检查，并对其产生报警的部位进行重新连接或调整
局部调试	了解设备的工艺流程后，进行手动空载调试，检查手动控制的输出点是否有相应的输出，若有问题，应立即进行解决。若手动空载正常再进行手动带负或调试，手动带负载调试中对其调试电流、电压等参数进行记录

（2）通电调试

完成初始检查后，可接通 PLC 电源，试着写入简单的小段程序，对 PLC 进行通电调试，明确其工作状态，为最后正常投入工作做好准备，如图 3-33 所示。

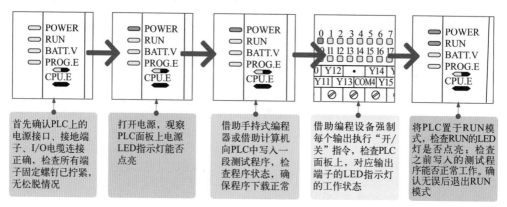

图 3-33　三菱 PLC 系统的通电调试

> 提示
> 说明
>
> 　　在通电调试时需要注意不要碰到交流相线，不要碰触可能造成人身伤害的部位。目前，在调试中常见的错误有：
>
> ◇ I/O 线路上某些点的继电器的接触点接触不良；
>
> ◇ 外部所使用的 I/O 设备超出其规定的工作范围；
>
> ◇ 输入信号的发生时间过短，小于程序的扫描周期；
>
> ◇ DC 24V 电源过载。

3.2.2　PLC 系统的日常维护

在 PLC 系统投入使用后，由于其工作环境的影响，可能会造成 PLC 使用寿命的缩短或出现故障，需要对 PLC 系统进行日常检查及维护，确保 PLC 系统安全、可靠地运行。

（1）日常维护

PLC 系统进行日常维护，包括供电条件、工作环境、元器件使用寿命等各方面，见表 3-6 所列。

表 3-6　PLC 系统的日常维护

日常维护项目	维护的具体内容
电源的检查	首先对 PLC 电源上的电压进行检测，看是否为额定值或有无频繁波动的现象，电源电压必须工作在额定范围之内，且波动不能大于 10%，若有异常则应检查供电线路

续表

日常维护项目	维护的具体内容
输入、输出电源的检查	检查输入、输出端子处的电压变化是否在规定的标准范围内，若有异常则应对异常处进行检查
环境的检查	检查环境温度、湿度是否在允许范围之内（温度在 0~55℃ 之间，湿度在 35%~85% 之间），若超过允许范围，则应降低或升高温度，以及加湿或除湿操作。安装环境不能有大量的灰尘、污物等，若有则应及时清理。检查面板内部温度有无过高情况
安装的检查	检查 PLC 设备各单元的连接是否良好，连接线有无松动、断裂以及破损等现象，控制柜的密封性是否良好，等等。检查散热窗（空气过滤器）是否良好，有无堵塞情况
元器件使用寿命的检查	对于一些有使用寿命的元件，例如锂电池、输出继电器等，则应进行定期的检查。以保证锂电池的电压在额定范围之内，输出继电器的使用寿命在允许范围之内（电气使用寿命在 30 万次以下，机械使用寿命在 1000 万次以下）

（2）更换电池

PLC 内锂电池到达使用寿命终止（一般为 5 年）或电压下降到一定程度时，应对锂电池进行更换，如图 3-34 所示。

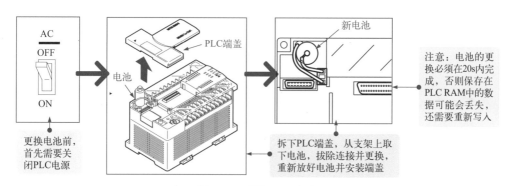

图 3-34　更换 PLC 电池

第 4 章
三菱 FX$_{2N}$ PLC 使用规范

4.1　三菱 FX₂ₙ 系列 PLC 的特点

三菱 FX₂ₙ 系列
PLC 的外部结构

4.1.1　三菱 FX₂ₙ 系列 PLC 的结构

　　三菱 FX₂ₙ 系列 PLC 是三菱 PLC 中应用广泛的一种 PLC 产品。三菱 FX₂ₙ 系列 PLC 的结构包括外观和内部两方面。观察外观，了解其外部结构可直接看到一些结构部件，如指示灯、接口等；拆开外壳可以看到其内部的各组成部分。

（1）三菱 FX₂ₙ 系列 PLC 的外部结构

　　三菱 FX₂ₙ 系列 PLC 外部主要由电源接口、输入接口、输出接口、PLC 状态指示灯、输入及输出 LED 指示灯、扩展接口、外围设备接线插座及盖板、存储器和串行通信接口等构成，如图 4-1 所示。

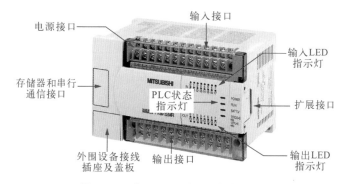

图 4-1　三菱 FX₂ₙ 系列 PLC 的外部结构

提示
说明

　　仔细观察三菱 FX₂ₙ 系列 PLC 的正面外观，可看到 PLC 的每一个输入 / 输出接口、输入 / 输出 LED 指示灯、PLC 状态指示灯上都有该接口或该指示灯的文字标识，如图 4-2 所示。

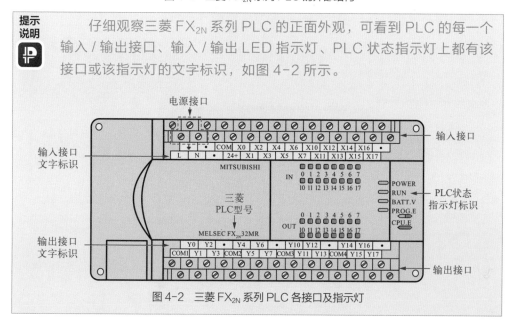

图 4-2　三菱 FX₂ₙ 系列 PLC 各接口及指示灯

① 电源接口和输入 / 输出接口 三菱 FX₂N 系列 PLC 的电源接口包括 L 端、N 端和接地端,用于为 PLC 供电;PLC 的输入接口通常使用 X0、X1 等进行标识;PLC 的输出接口通常使用 Y0、Y1 等进行标识。

图 4-3 为三菱 FX₂N 系列 PLC 基本单元的电源接口和输入 / 输出接口部分。

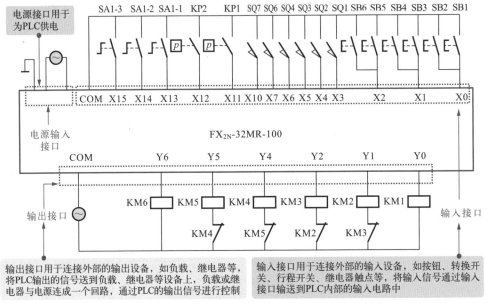

图 4-3 三菱 PLC 基本单元的电源接口和输入 / 输出接口部分

② LED 指示灯 三菱 FX₂N 系列 PLC 的 LED 指示灯部分包括 PLC 状态指示灯、输入指示灯和输出指示灯三部分,如图 4-4 所示。

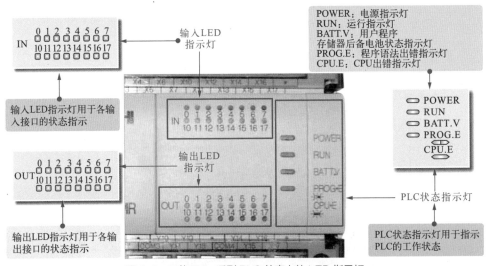

图 4-4 三菱 FX₂N 系列 PLC 外壳上的 LED 指示灯

③ 通信接口 PLC 与计算机、外围设备、其他 PLC 之间需要通过共同约定的通信协议和通信方式由通信接口实现信息交换。

图 4-5 为三菱 PLC 基本单元的通信接口。

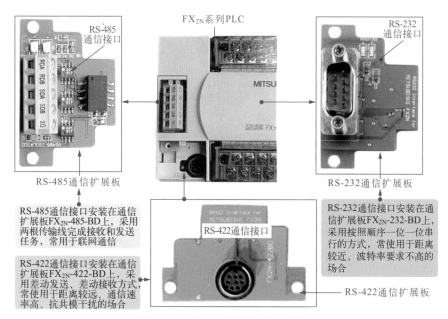

图 4-5 三菱 PLC 基本单元的通信接口

（2）三菱 FX_{2N} 系列 PLC 的内部结构

拆开三菱 FX_{2N} 系列 PLC 的外壳即可看到 PLC 的内部结构组成。通常情况下，三菱 PLC 基本单元的内部主要是由 CPU 电路板、输入/输出接口电路板和电源电路板构成的，如图 4-6 所示。

三菱 FX_{2N} 系列
PLC 的内部结构

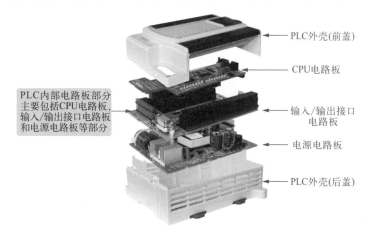

图 4-6 三菱 FX_{2N} 系列 PLC 的内部结构

① CPU 电路板　CPU 电路板用于完成 PLC 的运算、存储和控制功能。它主要由微处理器芯片、存储器芯片、晶体、CMOS 存储器芯片、CMOS 存储器电池及接口电路部件和一些外围元器件等构成。

图 4-7 为三菱 FX$_{2N}$ 系列 PLC 内部的 CPU 电路板。

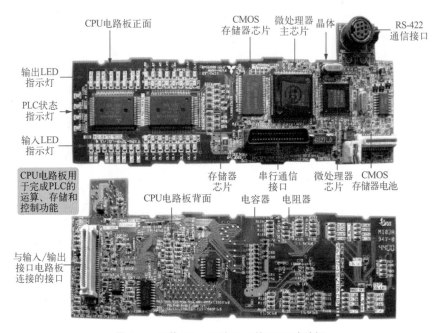

图 4-7　三菱 FX$_{2N}$ 系列 PLC 的 CPU 电路板

② 电源电路板　电源电路板用于为 PLC 内部各电路提供所需的工作电压。通常，电源电路板主要由电源输入接口、熔断器、过电压保护器、桥式整流堆、滤波电容器、开关晶体管、开关变压器、互感滤波器、二极管、电源输出接口等构成，如图 4-8 所示。

图 4-8　三菱 FX$_{2N}$ 系列 PLC 的电源电路板

③ 输入 / 输出接口电路板 输入 / 输出接口电路板是 PLC 外部接口直接关联的电路部分，用于 PLC 输入、输出信号的处理。通常情况下，PLC 内部接口电路板主要由输入接口、输出接口、24V 电源接口、通信接口、输出继电器、光电耦合器、输入 LED 指示灯、输出 LED 指示灯、PLC 状态指示灯、集成电路、电容器、电阻器等构成，如图 4-9 所示。

图 4-9 三菱 FX₂ₙ 系列 PLC 的输入 / 输出接口电路板

4.1.2 三菱 FX₂ₙ 系列 PLC 的功能特点

三菱 FX₂ₙ 系列 PLC 属于超小型程序装置，是 FX 家族中较先进的系列。处理速度快，在基本单元上连接扩展单元或扩展模块，可进行 16 ～ 256 点的灵活输入输出组合，应用到各种工业控制产品中，为工厂自动化应用提供最大的灵活性和控制能力。

三菱 FX₂ₙ 系列 PLC 具有高效的控制功能，数据采集、存储、处理功能，通信联网功能，等等。

（1）控制功能

图 4-10 为三菱 FX₂ₙ 系列 PLC 的控制功能框图。生产过程中的物理量由传感器检测后，经变压器变成标准信号，再经多路开关和 A/D 转换器变成适合 PLC 处理的数字信号由光耦（全称：光电耦合器）送给 CPU，光耦具有隔离功能；数字信号经 CPU 处理后，再经 D/A 转换器变成模拟信号输出，模拟信号经驱动电路驱动控制泵电动机、加温器等设备实现自动控制。

（2）数据的采集、存储、处理功能

三菱 FX₂ₙ 系列 PLC 具有数学运算及数据的传送、转换、排序、移位等功能，可以完成数据的采集、分析、处理及模拟处理等。这些数据还可以与存储在

存储器中的参考值进行比较，完成一定的控制操作，也可以将数据传输或直接打印输出，如图 4-11 所示。

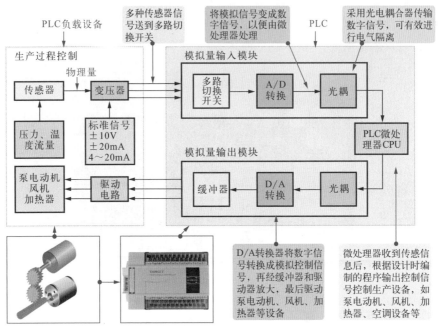

图 4-10　三菱 FX$_{2N}$ 系列 PLC 的控制功能框图

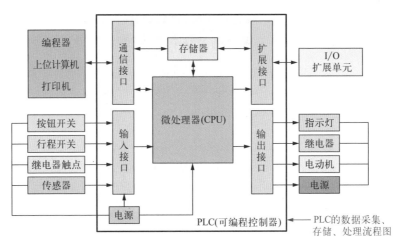

图 4-11　三菱 FX$_{2N}$ 系列 PLC 的数据采集、存储、处理功能

（3）通信联网功能

三菱 FX$_{2N}$ 系列 PLC 具有通信联网功能，可以与远程 I/O、其他 PLC、计算机、智能设备（如变频器、数控装置等）之间进行通信，如图 4-12 所示。

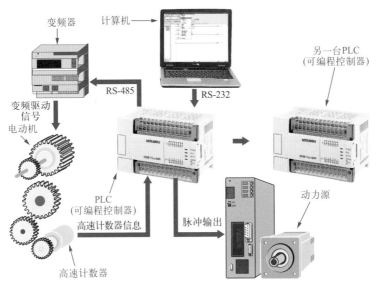

图 4-12　三菱 FX₂N 系列 PLC 的通信联网功能图

（4）可编程、调试功能

三菱 FX₂N 系列 PLC 通过存储器中的程序对 I/O 接口外接的设备进行控制，存储器中的程序可根据实际情况和应用进行编写，一般可将 PLC 与计算机通过编程电缆连接，实现对其内部程序的编写、调试、监视、实验和记录。这也是 PLC 区别于继电器等其他控制设备最大的功能优势。

4.2　三菱 FX₂N 系列 PLC 的编程

4.2.1　三菱 FX₂N 系列 PLC 的梯形图编程

学习三菱 FX₂N 系列 PLC 梯形图的编程方法，需要先了解三菱产品编程元件的标注方式、编写要求，再结合实际的三菱 PLC 梯形图编程实例，体会三菱 PLC 梯形图的编程特色，掌握三菱 PLC 梯形图的编程技能。

（1）三菱 FX₂N 系列 PLC 梯形图中编程元件的标注方式

三菱 PLC 梯形图中的编程元件主要由字母和数字组成。标注时，通常采用字母＋数字的组合方式。其中，字母表示编程元件的类型，数字表示该编程元件的序号。

图 4-13 为三菱 FX₂N 系列 PLC 输入 / 输出继电器的标注方法。输入继电器在三菱 FX₂N 系列 PLC 梯形图中使用字母 X 标识，输出继电器使用字母 Y 标识，都采用八进制编号（X0 ~ X7、X10 ~ X17……Y0 ~ Y7、Y10 ~ Y17……）。

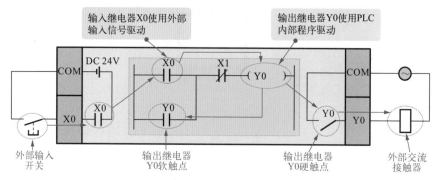

图 4-13　输入 / 输出继电器的标注方法

辅助继电器在三菱 FX$_{2N}$ 系列 PLC 梯形图中使用字母 M 标识，采用十进制编号，如图 4-14 所示。

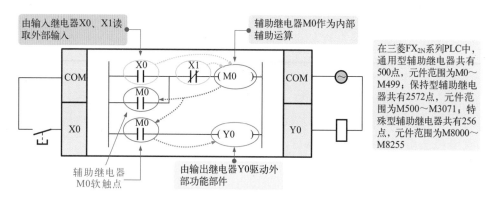

图 4-14　辅助继电器的标注方法

在三菱 FX$_{2N}$ 系列 PLC 梯形图中，定时器使用字母 T 标识，采用十进制编号，如图 4-15 所示。根据功能的不同，定时器可分为通用型定时器和累计型定时器两种。其中，通用型定时器共有 246 点，元件范围为 T0 ~ T245；累计型定时器共有 10 点，元件范围为 T246 ~ T255。

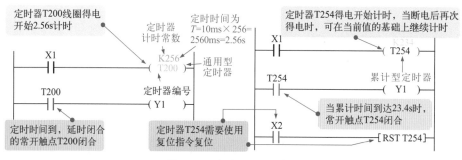

图 4-15　定时器的标注方法

在三菱 FX_{2N} 系列 PLC 梯形图中，计数器使用字母 C 标识。外部高速计数器简称高速计数器。在三菱 FX_{2N} 系列 PLC 中，高速计数器共有 21 点，元件范围为 C235～C255，主要有 1 相 1 计数输入高速计数器、1 相 2 计数输入高速计数器和 2 相 2 计数输入高速计数器三种，如图 4-16 所示。这三种计数器均为 32 位加／减计数器，设定值为 −2147483648～+214783648，计数方向由特殊辅助继电器或指定的输入端子设定。

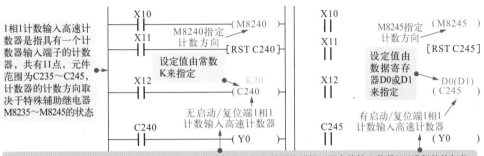

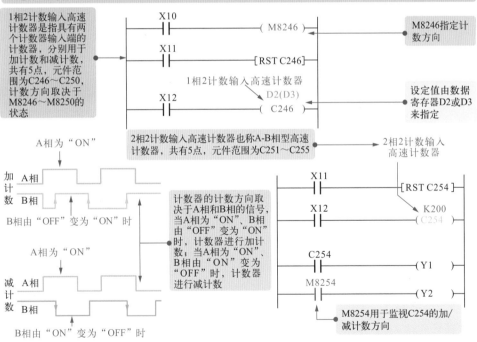

图 4-16　计数器的标注方法

（2）三菱 FX_{2N} 系列 PLC 梯形图的编写要求

三菱 PLC 梯形图在编写格式上有严格的要求，除了编程元件有严格的书写规范外，在编程过程中还有很多规定需要遵守。

① 编程顺序的规定　编写三菱 PLC 梯形图时要严格遵循能流的概念，就是将能流假想成"能量流"或"电流"，在梯形图中从左向右流动，与执行用户程序时的逻辑运算顺序一致。在三菱 PLC 梯形图中，事件发生的条件表示在梯形图的左侧，事件发生的结果表示在梯形图的右侧。编写梯形图时，应按从左到右、从上到下的顺序编写，如图 4-17 所示。

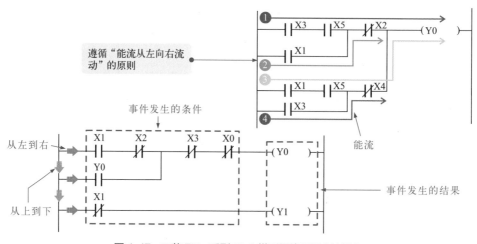

图 4-17　三菱 FX$_{2N}$ 系列 PLC 梯形图编程顺序的规定

② 编程元件位置关系的规定　如图 4-18 所示，梯形图的每一行都是从左母线开始到右母线结束的，触点位于线圈的左侧，线圈接在最右侧与右母线相连。

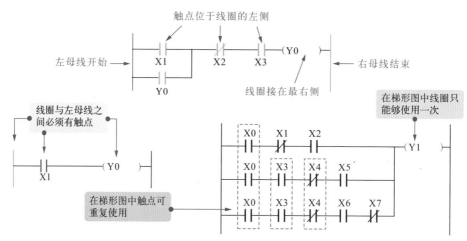

图 4-18　三菱 FX$_{2N}$ 系列 PLC 梯形图编程元件位置关系的规定

<table>
<tr><td>提示
说明</td><td>线圈与左母线位置关系的编写规定：线圈输出作为逻辑结果必要条件，体现在梯形图中时，线圈与左母线之间必须有触点。
　　线圈与触点的使用要求：输入继电器、输出继电器、辅助继电器、定时器、计数器等编程元件的触点可重复使用，输出继电器、辅助继电器、定时器、计数器等编程元件的线圈在梯形图中一般只能使用一次。</td></tr>
</table>

③ 母线分支的规定　触点既可以串联也可以并联，而线圈只可以并联。并联模块串联时，应将其触点多的一条线路放在梯形图的左侧，使梯形图符合左重右轻的原则。串联模块并联时，应将触点多的一条线路放在梯形图的上方，使梯形图符合上重下轻的原则，如图 4-19 所示。

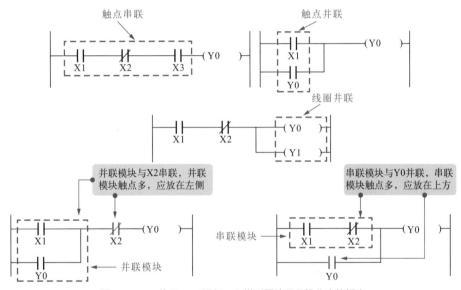

图 4-19　三菱 FX₂N 系列 PLC 梯形图编程母线分支的规定

④ 梯形图结束方式的规定　梯形图程序编写完成后，应在最后一条程序的下一条线路上加上 END 结束符，代表程序结束，如图 4-20 所示。

（3）三菱 FX₂N 系列 PLC 梯形图的编程方法

编写三菱 PLC 梯形图时，首先要对系统完成的各项功能进行模块划分，并对 PLC 的各个 I/O 点进行分配；然后根据 I/O 分配表对各功能模块逐个编写，根据各模块实现功能的先后顺序，对模块进行组合并建立控制关系；最后分析调整编写完成的梯形图，完成整个系统的编程工作。下面以电动机连续运转控制系统的设计作为案例介绍三菱 PLC 梯形图的编程方法。

图 4-21 为电动机连续运转控制系统的编写要求和编程前的分析准备，即根据控制过程的描述，理清控制关系，划分出控制系统的功能模块。

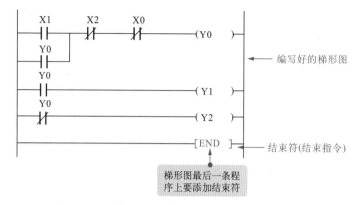

图 4-20　三菱 FX₂N 系列 PLC 梯形图结束方式的规定

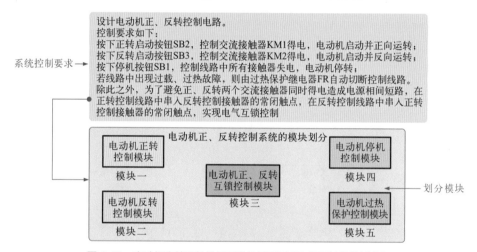

图 4-21　电动机连续运转控制系统的编写要求和编程前的分析准备

　　划分电动机连续控制电路中的功能模块后进行 I/O 分配，将输入设备和输出设备的元件编号与三菱 PLC 梯形图中的输入继电器和输出继电器的编号对应，填写 I/O 分配表，如表 4-1 所示。

表 4-1　I/O 分配表

输入设备及地址编号			输出设备及地址编号		
名称	代号	输入点地址编号	名称	代号	输出点地址编号
过热保护继电器	FR	X0	正转交流接触器	KM1	Y0
停止按钮	SB1	X1	反转交流接触器	KM2	Y1
正转启动按钮	SB2	X2	—	—	—
反转启动按钮	SB3	X3	—	—	—

电动机正、反转控制模块划分和 I/O 分配表绘制完成后，便可根据各模块的控制要求编写梯形图，最后将各模块梯形图进行组合。

① 电动机正转控制模块梯形图的编写。根据控制要求，编写电动机正转梯形图如图 4-22 所示。

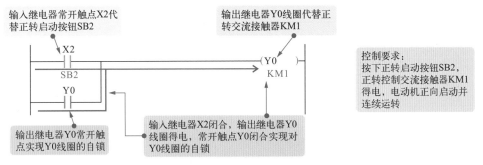

图 4-22 电动机正转控制模块梯形图的编写

② 电动机反转控制模块梯形图的编写。根据控制要求，编写电动机反转梯形图如图 4-23 所示。

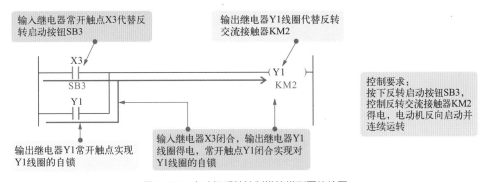

图 4-23 电动机反转控制模块梯形图的编写

③ 电动机正、反转互锁模块梯形图的编写。将控制要求中的控制部件及控制关系在梯形图中体现，当输出继电器 Y0 线圈得电时，常闭触点 Y0 断开，输出继电器 Y1 线圈不得电；当输出继电器 Y1 线圈得电时，常闭触点 Y1 断开，输出继电器 Y0 线圈不得电，如图 4-24 所示。

④ 电动机停机控制模块梯形图的编写。将控制要求中的控制部件及控制关系在梯形图中体现，如图 4-25 所示。

⑤ 电动机过热保护控制模块梯形图的编写。将控制要求中的控制部件及控制关系在梯形图中体现，如图 4-26 所示。

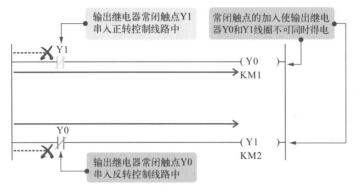

图 4-24　电动机正、反转互锁模块梯形图的编写

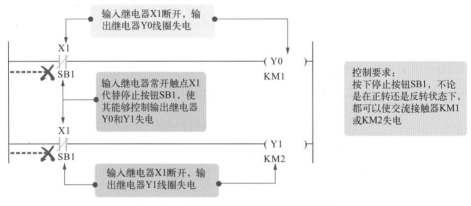

图 4-25　电动机停机控制模块梯形图的编写

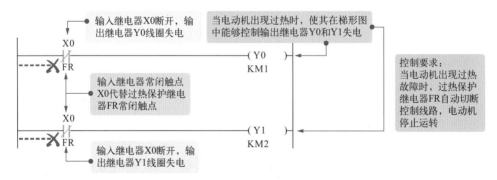

图 4-26　电动机过热保护控制模块梯形图的编写

⑥ 5 个控制模块梯形图的组合。根据三菱 PLC 梯形图的编写要求，对上述组合得出的总梯形图进行整理、合并，并编写 PLC 梯形图的结束语句，然后分析编写完成的梯形图并做调整，最终完成整个系统的编程工作，如图 4-27所示。

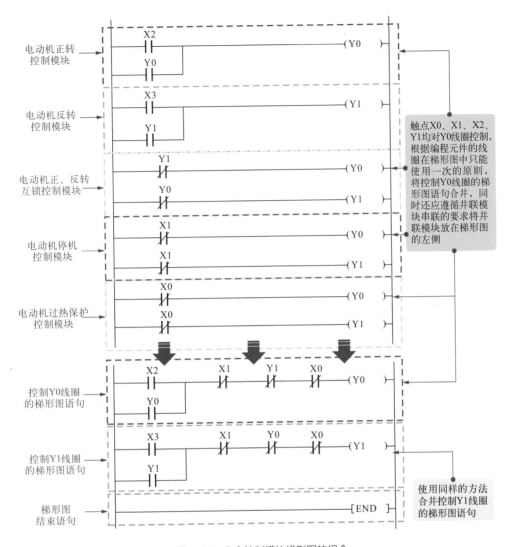

电动机正转
控制模块

电动机反转
控制模块

电动机正、反转
互锁控制模块

电动机停机
控制模块

电动机过热保护
控制模块

控制Y0线圈
的梯形图语句

控制Y1线圈
的梯形图语句

梯形图
结束语句

触点X0、X1、X2、Y1均对Y0线圈控制，根据编程元件的线圈在梯形图中只能使用一次的原则，将控制Y0线圈的梯形图语句合并，同时还应遵循并模块串联的要求将并联模块放在梯形图的左侧

使用同样的方法合并控制Y1线圈的梯形图语句

图 4-27　5 个控制模块梯形图的组合

提示说明

上述分析和梯形图编程过程根据控制要求进行模块划分，并针对每个模块编写梯形图程序，"聚零为整"进行组合，然后在初步组合而成的总梯形图基础上，根据 PLC 梯形图编写方法中的一些要求和规则进行相关编程元件的合并，添加程序结束指令，最后得到完善的总梯形图程序。

一些实际编程过程除了可按照上述逐步分析、逐步编写的方法外，在一些传统工业设备（电动机传动）的线路改造中，还可以将现成的电气控制线路作为依据，将原有的电气控制系统输入信号及输出信号作为 PLC 的 I/O 点，将原来由继电器—接触器硬件完成的控制线路由 PLC 梯形图程序直接替代。

4.2.2 三菱 FX₂ₙ 系列 PLC 的语句表编程

与三菱 FX₂ₙ 系列 PLC 梯形图编程方式相比，语句表的编程方式不是非常直观，控制过程全部依托指令语句表表达。学习三菱 FX₂ₙ 系列 PLC 语句表的编程方法，需要先了解语句表的编程规则，掌握三菱 FX₂ₙ 系列 PLC 语句表中常用编程指令的用法，然后通过实际的编程案例，领会三菱 FX₂ₙ 系列 PLC 语句表编程的要领。

（1）三菱 FX₂ₙ 系列 PLC 语句表的编写规则

三菱 FX₂ₙ 系列 PLC 语句表的程序编写要求指令语句顺次排列，每一条语句都要将操作码书写在左侧，将操作数书写在操作码的右侧，要确保操作码和操作数之间有间隔，不能连在一起，如图 4-28 所示。

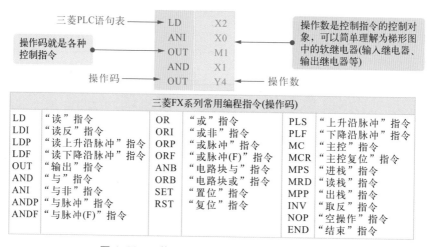

图 4-28 三菱 FX₂ₙ 系列 PLC 语句表的编写规则

（2）三菱 FX₂ₙ 系列 PLC 语句表的编程方式

三菱 PLC 语句表的编程思路与梯形图基本类似，也是先根据系统完成的功能划分模块，然后对 PLC 各个 I/O 点进行分配，根据分配的 I/O 点对各功能模块编写程序，对各功能模块的语句表进行组合，最后分析编写好的语句表并做调整，完成整个系统的编写工作。

① 根据控制与输出关系编写 PLC 语句表。语句表是由多条指令组成的，每条指令表示一个控制条件或输出结果，在三菱 PLC 语句表中，事件发生的条件表示在语句表的上面，事件发生的结果表示在语句表的下面，如图 4-29 所示。

② 根据控制顺序编写 PLC 语句表。语句表是由多组指令组成的，在三菱 PLC 进行语句表的编程时，通常会根据系统的控制顺序由上到下逐条编写，如图 4-30 所示。

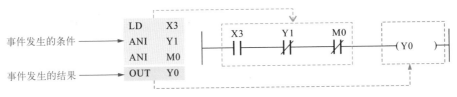

图 4-29　根据控制与输出关系编写 PLC 语句表

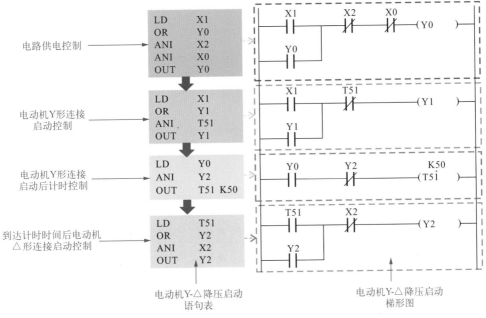

图 4-30　根据控制顺序编写 PLC 语句表

③ 根据控制条件编写 PLC 语句表。在语句表中使用哪种编程指令可根据该指令的控制条件选用，如运算开始常闭触点选用 LDI 指令、串联连接常闭触点选用 ANI 指令、并联连接常开触点选用 OR 指令、线圈驱动选用 OUT 指令，如图 4-31 所示。

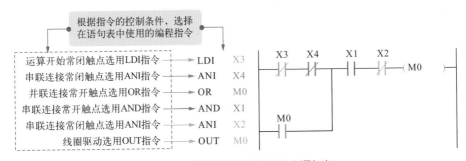

图 4-31　根据控制条件编写 PLC 语句表

| 提示
说明 | 事件发生的结果表示在语句表的下面。三菱 PLC 语句表程序编写完成后，应在最后一条程序的下一条加上 END 编程指令，代表程序结束。 |

（3）三菱 FX₂ₙ 系列 PLC 语句表的编程方法

图 4-32 为电动机连续控制系统的编写要求和编程前的分析准备，即根据电动机连续控制的要求，将功能模块划分为电动机 M 启 / 停控制模块、运行指示灯 RL 控制模块、停机指示灯 GL 控制模块。

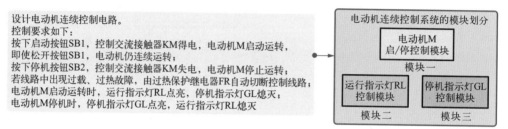

图 4-32　编写要求和编程前的分析准备

将输入、输出设备的元件编号与语句表中的操作数对应。输入设备主要包括：启动按钮 SB1、停止按钮 SB2、过热保护继电器常闭触点 FR，因此应有 3 个输入信号。输出设备主要包括 1 个交流接触器，即控制电动机 M1 的交流接触器 KM，两个指示灯 RL、GL，因此应有 3 个输出信号，如表 4-2 所示。

表 4-2　I/O 分配

输入设备及地址编号			输出设备及地址编号		
名称	代号	输入点地址编号	名称	代号	输入点地址编号
过热保护继电器	FR	X0	交流接触器	KM	Y0
启动按钮	SB1	X1	运行指示灯	RL	Y1
停止按钮	SB2	X2	停机指示灯	GL	Y2

电动机连续控制模块划分和 I/O 分配表绘制完成后，便可根据各模块的控制要求进行语句表的编写。

① 电动机 M 启 / 停控制模块语句表的编写。控制要求：按下启动按钮 SB1，控制交流接触器 KM 得电，电动机 M 启动连续运转；按下停止按钮 SB2，控制交流接触器 KM 失电，电动机 M 停止连续运转。编写的语句表程序如图 4-33 所示。

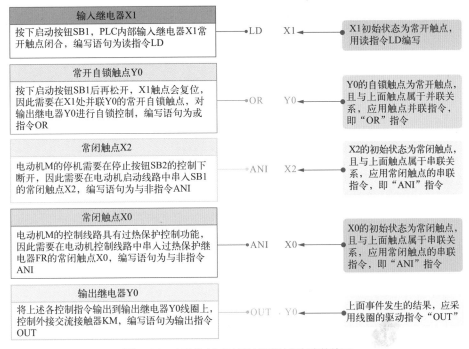

图 4-33　电动机 M 启 / 停控制模块语句表的编写

② 运行指示灯 RL 控制模块语句表的编写。控制要求：当电动机 M 启动运转时，运行指示灯 RL 点亮；当电动机 M 停转时，RL 熄灭。编写的语句表程序如图 4-34 所示。

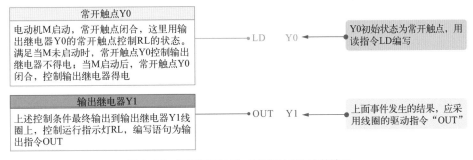

图 4-34　运行指示灯 RL 控制模块语句表的编写

③ 停机指示灯 GL 控制模块语句表的编写。控制要求：当电动机 M 停转时，停机指示灯 GL 点亮；当电动机 M 启动后，GL 熄灭。编写的语句表程序如图 4-35 所示。

根据各模块的先后顺序，将上述 3 个控制模块所得的语句表组合，得出总的语句表程序。图 4-36 为组合完成的电动机连续控制语句表程序。将上述 3 个控制模块组合完成后，添加 PLC 语句表的结束指令。最后分析编写完成的语句表并做调整，完成整个系统的编程工作。

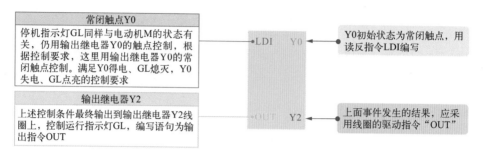

图 4-35　停机指示灯 GL 控制模块语句表的编写

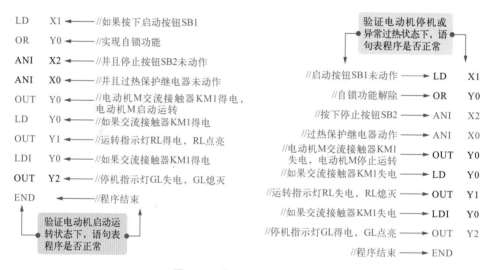

图 4-36　组合后的语句表程序

第 5 章

三菱 PLC 梯形图

5.1 三菱 PLC 梯形图的结构

　　PLC（可编程控制器）通过预先编好的程序来实现对不同生产过程的自动控制，而梯形图（LAD）是目前使用最多的一种编程语言，它是以触点符号代替传统电气控制线路中的按钮、接触器、继电器触点等部件的一种编程语言。

　　三菱 PLC 梯形图（Ladder Diagram，简写为 LAD）继承了继电器控制线路的设计理念，采用图形符号的连接图形式直观形象地表达电气线路的控制过程。它与电气控制线路非常类似，十分易于理解。

　　图 5-1 为典型电气控制线路与 PLC 梯形图对应。

PLC 梯形图的
特点

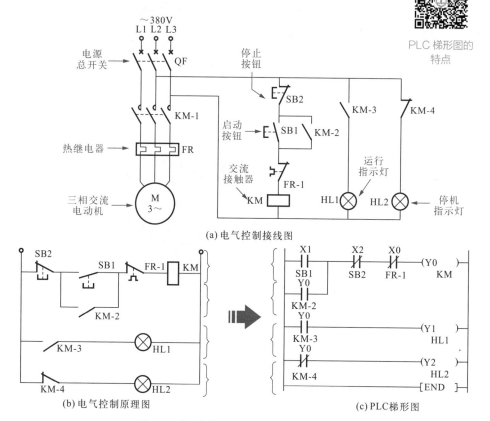

图 5-1　典型电气控制线路与 PLC 梯形图对应

提示说明	将 PLC 梯形图写入 PLC 中，PLC 输入输出接口与控制按钮、接触器等建立物理连接。输入元件将控制信号由 PLC 输入端子送入，PLC 根据预先编写好的程序（梯形图）对其输入的信号进行处理，并由输出端子输出驱动信号，驱动外部的输出元件，进而实现对电动机的连续控制，如图 5-2 所示。

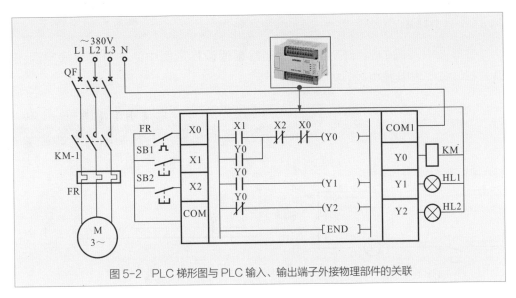

图 5-2　PLC 梯形图与 PLC 输入、输出端子外接物理部件的关联

三菱 PLC 梯形图主要是由母线、触点、线圈构成，如图 5-3 所示。

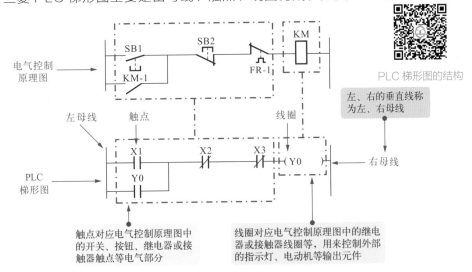

PLC 梯形图的结构

左、右的垂直线称为左、右母线

电气控制原理图

左母线　触点　线圈　右母线

PLC 梯形图

触点对应电气控制原理图中的开关、按钮、继电器或接触器触点等电气部分

线圈对应电气控制原理图中的继电器或接触器线圈等，用来控制外部的指示灯、电动机等输出元件

图 5-3　三菱 PLC 梯形图的结构组成

> **提示说明**
>
> 　　在 PLC 梯形图中，特定的符号和文字标识标注了控制线路各电气部件及其工作状态。整个控制过程由多个梯级来描述，也就是说，每一个梯级通过能流线上连接的图形、符号或文字标识反映了控制过程中的一个控制关系。在梯级中，控制条件表示在左面，然后沿能流线逐渐表现出控制结果，这就是 PLC 梯形图。这种编程设计非常直观、形象，与电气线路图十分对应，控制关系一目了然。

5.1.1 母线

梯形图中两侧的竖线称为母线。通常都假设梯形图中的左母线代表电源正极，右母线代表电源负极，如图5-4所示。

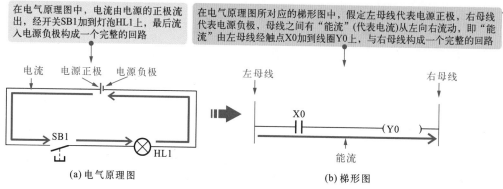

在电气原理图中，电流由电源的正极流出，经开关SB1加到灯泡HL1上，最后流入电源负极构成一个完整的回路

在电气原理图所对应的梯形图中，假定左母线代表电源正极，右母线代表电源负极，母线之间有"能流"（代表电流）从左向右流动，即"能流"由左母线经触点X0加到线圈Y0上，与右母线构成一个完整的回路

(a) 电气原理图

(b) 梯形图

图5-4　母线的含义及特点

提示说明

能流是一种假想的"能量流"或"电流"，在梯形图中从左向右流动，与执行用户程序时的逻辑运算顺序一致，如图5-5所示。

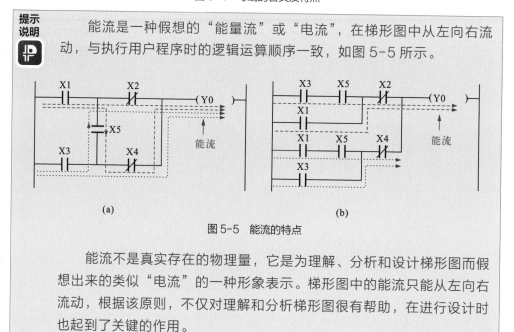

(a)

(b)

图5-5　能流的特点

能流不是真实存在的物理量，它是为理解、分析和设计梯形图而假想出来的类似"电流"的一种形象表示。梯形图中的能流只能从左向右流动，根据该原则，不仅对理解和分析梯形图很有帮助，在进行设计时也起到了关键的作用。

5.1.2 触点

触点是PLC梯形图中构成控制条件的元件。在PLC的梯形图中有两类触点，分别为常开触点和常闭触点，触点的通、断情况与触点的逻辑赋值有关，如图5-6所示。

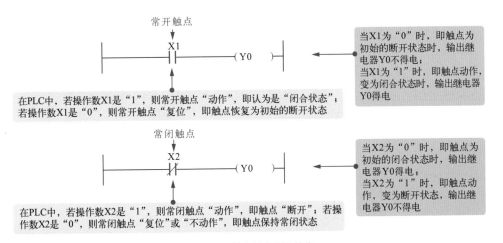

图 5-6　触点的含义及特点

提示
说明
JP

在 PLC 梯形图上的连线代表各"触点"的逻辑关系，在 PLC 内部不存在这种连线，而采用逻辑运算来表征逻辑关系。某些"触点"或支路接通，并不存在电流流动，而是代表支路的逻辑运算取值或结果为 1，如图 5-7 所示。

触点符号	代表含义	逻辑赋值	状态	常用地址符号
‖	常开触点	0或OFF时	断开	X、Y、M、T、C
		1或ON时	闭合	
И	常闭触点	0或OFF时	闭合	
		1或ON时	断开	

图 5-7　触点的逻辑赋值及状态

不同品牌 PLC 中，其梯形图触点字符符号不同，在三菱 PLC 中，用 X 表示输入继电器触点；Y 表示输出继电器触点；M 表示通用继电器触点；T 表示定时器触点；C 表示计数器触点。

5.1.3　线圈

线圈是 PLC 梯形图中执行控制结果的元件。PLC 梯形图中的线圈种类有很多，如输出继电器线圈、辅助继电器线圈、定时器线圈等。

线圈与继电器控制电路中的线圈相同，当有电流（能流）流过线圈时，则线圈操作数置"1"，线端得电；若无电流流过线圈，则线圈操作数复位（置"0"），如图 5-8 所示。

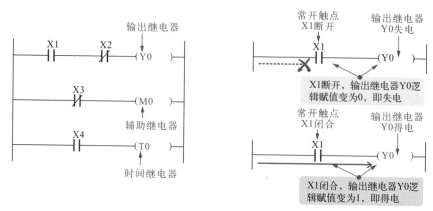

图 5-8　线圈的含义及特点

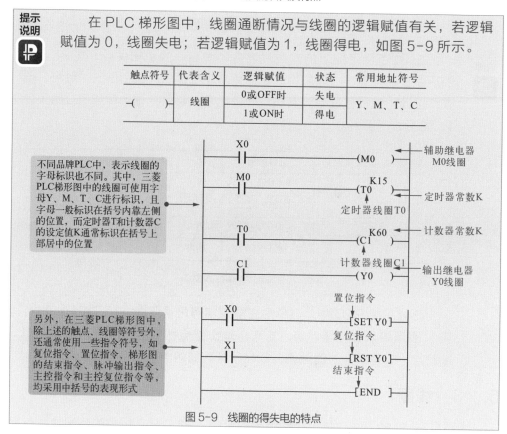

| 提示说明 | 在 PLC 梯形图中，线圈通断情况与线圈的逻辑赋值有关，若逻辑赋值为 0，线圈失电；若逻辑赋值为 1，线圈得电，如图 5-9 所示。 |

触点符号	代表含义	逻辑赋值	状态	常用地址符号
─( )─	线圈	0或OFF时	失电	Y、M、T、C
		1或ON时	得电	

不同品牌PLC中，表示线圈的字母标识也不同。其中，三菱PLC梯形图中的线圈可使用字母Y、M、T、C进行标识，且字母一般标识在括号内靠左侧的位置，而定时器T和计数器C的设定值K通常标识在括号上部居中的位置

另外，在三菱PLC梯形图中，除上述的触点、线圈等符号外，还通常使用一些指令符号，如复位指令、置位指令、梯形图的结束指令、脉冲输出指令、主控指令和主控复位指令等，均采用中括号的表现形式

图 5-9　线圈的得失电的特点

5.2　三菱 PLC 梯形图的编程元件

PLC 梯形图内的图形和符号代表许多不同功能的元件。这些图形和符号并不是真正的物理元件，而是指在 PLC 编程时使用的输入 / 输出端子所对应的存

储区，以及内部的存储单元、寄存器等，属于软元件，即编程元件。

在 PLC 梯形图中编程元件用继电器（与电气控制线路中的电气部件继电器不同）代表。在三菱 PLC 梯形图中，X 代表输入继电器，是由输入电路和输入映像寄存器构成的，用于直接输入给 PLC 物理信号；Y 代表输出继电器，是由输出电路和输出映像寄存器构成的，用于从 PLC 直接输出物理信号；T 代表定时器，M 代表辅助继电器，C 代表计数器，S 代表状态继电器，D 代表数据寄存器，它们都用于 PLC 内部的运算。

5.2.1　输入 / 输出继电器

输入继电器常使用字母 X 标识，与 PLC 的输入端子相连；输出继电器常使用字母 Y 标识，与 PLC 的输出端子相连，如图 5-10 所示。

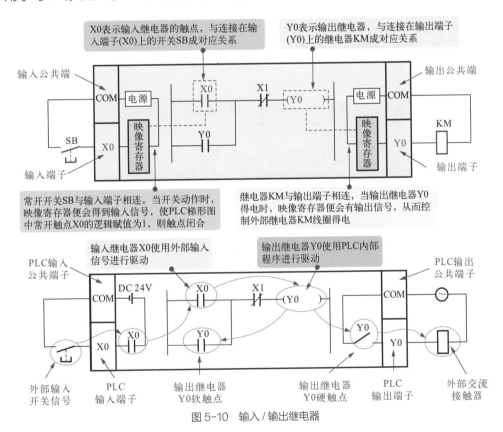

图 5-10　输入 / 输出继电器

5.2.2　定时器

PLC 梯形图中的定时器相当于电气控制线路中的时间继电器，常使用字母 T 标识。三菱 PLC 中，不同系列的定时器具体类型不同。以三菱 FX$_{2N}$ 系列

PLC 定时器为例介绍。

图 5-11 为定时器的参数及特点。

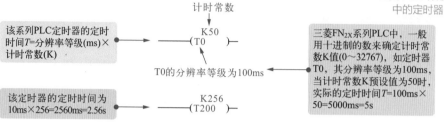

图 5-11　定时器的参数及特点

提示
说明

📱

三菱 FX₂ₙ 系列 PLC 定时器可分为通用型定时器和累计型定时器两种，该系列 PLC 定时器的定时时间为

$$T = 分辨率等级（ms）× 计时常数（K）$$

不同类型、不同号码的定时器所对应的分辨率等级也有所不同，见表 5-1 所列。

表 5-1　不同类型、不同号码的定时器所对应的分辨率等级

定时器类型	定时器号码	分辨率等级	计时范围
通用型定时器	T0 ~ T199	100ms	0.1 ~ 3276.7s
	T200 ~ T245	10ms	0.01 ~ 328.67s
累计型定时器	T246 ~ T249	1ms	0.001 ~ 32.767s
	T250 ~ T255	100ms	0.1 ~ 3276.7s

（1）通用型定时器

通用型定时器的线圈得电或失电后，经一段时间延时，触点才会相应动作，当输入电路断开或停电时，定时器不具有断电保持功能，如图 5-12 所示。

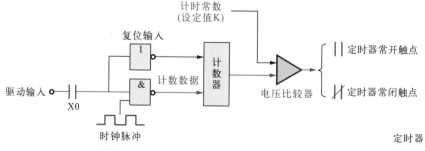

图 5-12　通用型定时器的内部结构及工作原理图

> **提示说明**
> 　　输入继电器触点 X0 闭合，将计数数据送入计数器中，计数器从零开始对时钟脉冲进行计数。
> 　　当计数值等于计时常数（设定值 K）时，电压比较器输出端输出控制信号控制定时器常开触点、常闭触点相应动作。
> 　　当输入继电器触点 X0 断开或停电时，计数器复位，定时器常开触点、常闭触点也相应复位。

　　根据通用型定时器的定时特点，PLC 梯形图中定时器的工作过程也比较容易理解，如图 5-13 所示。

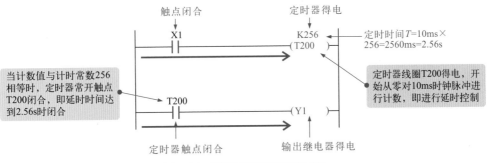

图 5-13　通用型定时器的工作过程

（2）累计型定时器

　　累计型定时器与通用型定时器不同的是，累计型定时器在定时过程中断电或输入电路断开时，定时器具有断电保持功能，能够保持当前计数值，当通电或输入电路闭合时，定时器会在保持当前计数值的基础上继续累计计数，如图 5-14 所示。

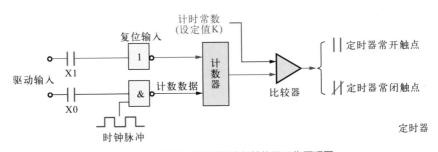

图 5-14　累计型定时器的内部结构及工作原理图

> **提示说明**
> 　　在图 5-14 中，输入继电器触点 X0 闭合，将计数数据送入计数器中，计数器从零开始对时钟脉冲进行计数。
> 　　当定时器计数值未达到计时常数（设定值 K）而输入继电器触点 X0 断开或断电时，计数器可保持当前计数值，当输入继电器触点 X0

再次闭合或通电时，计数器在当前值的基础上开始累计计数，当累计计数值等于计时常数（设定值 K）时，电压比较器输出端输出控制信号控制定时器常开触点、常闭触点相应动作。

当复位输入触点 X1 闭合时，计数器计数值复位，其定时器常开触点、常闭触点也相应复位。

图 5-15 为累计型定时器的工作过程。

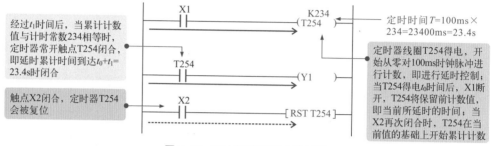

经过 t_1 时间后，当累计计数值与计时常数234相等时，定时器常开触点T254闭合，即延时累计时间到达 t_0+t_1=23.4s时闭合

触点X2闭合，定时器T254会被复位

定时时间 T=100ms×234=23400ms=23.4s

定时器线圈T254得电，开始从零对100ms时钟脉冲进行计数，即进行延时控制；当T254得电 t_0 时间后，X1断开，T254将保留前计数值，即当前所延时的时间；当X2再次闭合时，T254在当前值的基础上开始累计计数

图 5-15　累计型定时器的工作过程

5.2.3　辅助继电器

PLC 梯形图中的辅助继电器相当于电气控制线路中的中间继电器，常使用字母 M 标识，是 PLC 编程中应用较多的一种软元件。辅助继电器不能直接读取外部输入，也不能直接驱动外部负载，只能作为辅助运算。辅助继电器根据功能的不同可分为通用型辅助继电器、保持型辅助继电器和特殊型辅助继电器三种。

（1）通用型辅助继电器（M0 ~ M499）

通用型辅助继电器（M0 ~ M499）在 PLC 中常用于辅助运算、移位运算等，不具备断电保持功能，即在 PLC 运行过程中突然断电时，通用型辅助继电器线圈全部变为 OFF 状态，当 PLC 再次接通电源时，由外部输入信号控制的通用型辅助继电器变为 ON 状态，其余通用型辅助继电器均保持 OFF 状态。

图 5-16 为通用型辅助继电器的特点。

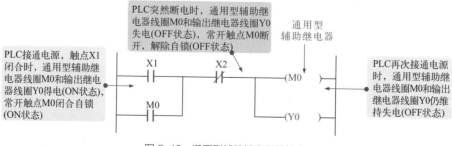

PLC接通电源，触点X1闭合时，通用型辅助继电器线圈M0和输出继电器线圈Y0得电(ON状态)，常开触点M0闭合自锁(ON状态)

PLC突然断电时，通用型辅助继电器线圈M0和输出继电器线圈Y0失电(OFF状态)，常开触点M0断开，解除自锁(OFF状态)

通用型辅助继电器

PLC再次接通电源时，通用型辅助继电器线圈M0和输出继电器线圈Y0仍维持失电(OFF状态)

图 5-16　通用型辅助继电器的特点

（2）保持型辅助继电器（M500 ～ M3071）

保持型辅助继电器（M500 ～ M3071）能够记忆电源中断前的瞬时状态，当 PLC 运行过程中突然断电时，保持型辅助继电器可使用备用锂电池对其映像寄存器中的内容进行保持，再次接通电源后，保持型辅助继电器线圈仍保持断电前的瞬时状态。

图 5-17 为保持型辅助继电器的特点。

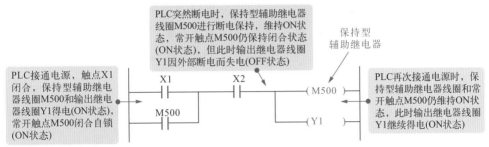

图 5-17　保持型辅助继电器的特点

（3）特殊型辅助继电器（M8000 ～ M8255）

特殊型辅助继电器（M8000 ～ M8255）具有特殊功能，如设定计数方向、禁止中断、PLC 的运行方式、步进顺控等。

图 5-18 为特殊型辅助继电器的特点。

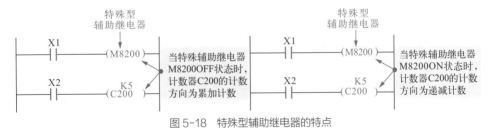

图 5-18　特殊型辅助继电器的特点

5.2.4　计数器

三菱 FX$_{2N}$ 系列 PLC 梯形图中的计数器常使用字母 C 标识。根据记录开关量的频率可分为内部计数器和外部高速计数器。

（1）内部计数器

内部计数器是用来对 PLC 内部软元件 X、Y、M、S、T 提供的信号进行计数的，当计数值到达计数器的设定值时，计数器的常开、常闭触点会相应动作。

内部计数器可分为 16 位加计数器和 32 位加 / 减计数器，这两种类型的计数器又分别可分为通用型计数器和累计型计数器两种，见表 5-2 所列。

表 5-2　内部计数器的相关参数信息

计数器类型	计数器功能类型	计数器编号	设定值范围 K
16 位加计数器	通用型计数器	C0 ~ C99	1 ~ 32767
	累计型计数器	C100 ~ C199	
32 位加 / 减计数器	通用型双向计数器	C200 ~ C219	−2147483648 ~ +2147483647
	累计型双向计数器	C220 ~ C234	

三菱 FX₂ₙ 系列 PLC 中通用型 16 位加计数器是在当前值的基础上累计加 1，当计数值等于计数常数 K 时，计数器的常开触点、常闭触点相应动作，如图 5-19 所示。

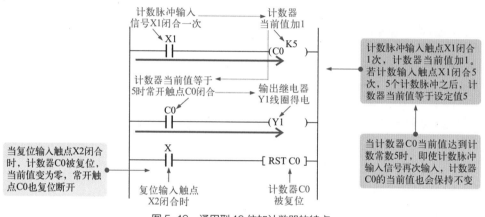

图 5-19　通用型 16 位加计数器的特点

> **提示说明**
> 累计型 16 位加计数器与通用型 16 位加计数器的工作过程基本相同，不同的是，累计型计数器在计数过程中断电时，计数器具有断电保持功能，能够保持当前计数值，当再次通电时，计数器会在所保持当前计数值的基础上继续累计计数。

三菱 FX₂ₙ 系列 PLC 中，32 位加 / 减计数器具有双向计数功能，计数方向由特殊辅助继电器 M8200 ~ M8234 进行设定。当特殊辅助继电器为 OFF 状态时，其计数器的计数方向为加计数；当特殊辅助继电器为 ON 状态时，其计数器的计数方向为减计数，如图 5-20 所示。

三菱 PLC 梯形图中的计数器

（2）外部高速计数器

外部高速计数器简称高速计数器，在三菱 FX₂ₙ 系列 PLC 中高速计数器共有 21 点，元件范围为 C235 ~ C255，其类型主要有 1 相 1 计数输入高速计数器、1 相 2 计数输入高速计数器和 2 相 2 计数输入高速计数器三种，均为 32 位加 / 减计数器，设定值为 −2147483648 ~ +214783648，计数方向也由特殊辅助继电器或指定的输入端子进行设定。

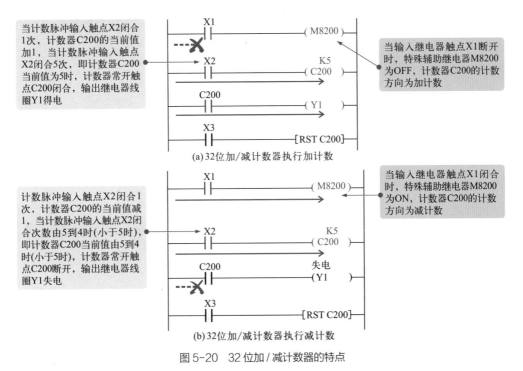

当计数脉冲输入触点X2闭合
1次，计数器C200的当前值
加1，当计数脉冲输入触点
X2闭合5次，即计数器C200
当前值为5时，计数器常开触
点C200闭合，输出继电器线
圈Y1得电

当输入继电器触点X1断开
时，特殊辅助继电器M8200
为OFF，计数器C200的计数
方向为加计数

(a) 32位加/减计数器执行加计数

计数脉冲输入触点X2闭合1
次，计数器C200的当前值减
1，当计数脉冲输入触点X2闭
合次数由5到4时(小于5时)，
即计数器C200当前值由5到4
时(小于5时)，计数器常开触
点C200断开，输出继电器线
圈Y1失电

当输入继电器触点X1闭合
时，特殊辅助继电器M8200
为ON，计数器C200的计数
方向为减计数

(b) 32位加/减计数器执行减计数

图 5-20 32 位加/减计数器的特点

表 5-3 为外部高速计数器的参数及特点。

表 5-3 外部高速计数器的参数及特点

计数器类型	计数器功能类型	计数器编号	计数方向
1相1计数输入高速计数器	具有一个计数器输入端子的计数器	C235 ~ C245	取决于 M8235 ~ M8245 的状态
1相2计数输入高速计数器	具有两个计数器输入端子的计数器，分别用于加计数和减计数	C246 ~ C250	取决于 M8246 ~ M8250 的状态
2相2计数输入高速计数器	也称为 A-B 相型高速计数器，共有 5 点	C251 ~ C255	取决于 A 相和 B 相的信号

提示说明

状态继电器常用字母 S 标识，是 PLC 中顺序控制的一种软元件，常与步进顺控指令配合使用，若不使用步进顺控指令，则状态继电器可在 PLC 梯形图中作为辅助继电器使用。状态继电器的类型主要有初始状态继电器、回零状态继电器、保持状态继电器和报警状态继电器 4 种。

数据寄存器常用字母 D 标识，主要用于存储各种数据和工作参数。类型主要有通用寄存器、保持寄存器、特殊寄存器、文件寄存器和变址寄存器 5 种。

第 6 章

三菱 PLC 语句表

6.1 三菱 PLC 语句表（STL）的结构

PLC 语句表（STL）是三菱 PLC 系列产品中的另一种编程语言，也称为指令表，它采用一种与汇编语言中指令相似的助记符表达式，将一系列的操作指令组成控制流程，通过编程器存入 PLC 中，该编程语言适用于习惯汇编语言的用户使用。

三菱 PLC 语句表是由步序号、操作码和操作数构成的，如图 6-1 所示。

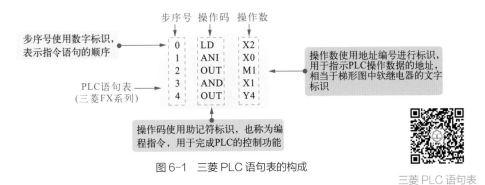

图6-1　三菱 PLC 语句表的构成

三菱 PLC 语句表
的特点

6.1.1　步序号

步序号是三菱语句表中表示程序顺序的序号，一般用阿拉伯数字标识。在实际编写语句表程序时，可利用编程器读取或删除指定步序号的程序指令，以完成对 PLC 语句表的读取、修改等。

图 6-2 为利用 PLC 语句表步序号读取 PLC 内程序指令。

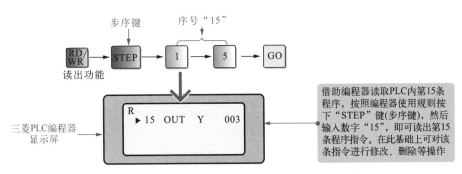

图6-2　利用 PLC 语句表步序号读取 PLC 内程序指令

6.1.2　操作码

三菱 PLC 语句表中的操作码使用助记符进行标识，也称为编程指令，用于完成 PLC 的控制功能。三菱 PLC 中，不同系列的 PLC 所采用的操作码不同，具体根据产品说明了解，这里以三菱 FX 系列 PLC 为例。表 6-1 为三菱 FX 系列 PLC 中常用的助记符。

表 6-1　三菱 FX 系列 PLC 中常用的助记符

助记符	功能	助记符	功能
LD	读指令	ANB	电路块与指令
LDI	读反指令	ORB	电路块或指令
LDP	读上升沿脉冲指令	SET	置位指令
LDF	读下降沿脉冲指令	RST	复位指令
OUT	输出指令	PLS	上升沿脉冲指令
AND	与指令	PLF	下降沿脉冲指令
ANI	与非指令	MC	主控指令
ANDP	与脉冲指令	MCR	主控复位指令
ANDF	与脉冲（F）指令	MPS	进栈指令
OR	或指令	MRD	读栈指令
ORI	或非指令	MPP	出栈指令
ORP	或脉冲指令	INV	取反指令
ORF	或脉冲（F）指令	NOP	空操作指令
—	—	END	结束指令

6.1.3　操作数

　　三菱 PLC 语句表中的操作数使用编程元件的地址编号进行标识，即用于指示执行该指令的数据地址。

　　表 6-2 为三菱 FX$_{2N}$ 系列 PLC 中常用的操作数。

表 6-2　三菱 FX$_{2N}$ 系列 PLC 中常用的操作数

名称	操作数	操作数范围	
输入继电器	X	X000 ~ X007、X010 ~ X017、X020 ~ X027（共 24 点，可附加扩展模块进行扩展）	
输出继电器	Y	Y000 ~ Y007、Y010 ~ Y017、Y020 ~ Y027（共 24 点，可附加扩展模块进行扩展）	
辅助继电器	M	M0 ~ M499（500 点）	
定时器	T	0.1 ~ 999s	T0 ~ T199（200 点）
		0.01 ~ 99.9s	T200 ~ T245（26 点）
		1ms 累计定时器	T246 ~ T249（4 点）
		100ms 累计定时器	T250 ~ T255（6 点）
计数器	C	C0 ~ C99（16 位通用型）、　　　　C100 ~ C199（16 位累计型） C200 ~ C219（32 位通用型）、　　　C220 ~ C234（32 位累计型）	
状态寄存器	S	S0 ~ S499（500 点通用型）、S500 ~ S899（400 点保持型）	
数据寄存器	D	D0 ~ D199（200 点通用型）、D200 ~ D511（312 点保持型）	

6.2 三菱 PLC 语句表的特点

6.2.1 三菱 PLC 梯形图与语句表的关系

三菱 PLC 梯形图中的每一条语句都与语句表中若干条语句相对应，且每一条语句中的每一个触点、线圈都与 PLC 语句表中的操作码和操作数相对应，如图 6-3 所示。除此之外梯形图中的重要分支点，如并联电路块串联、串联电路块并联、进栈、读栈、出栈触点处等，在语句表中也会通过相应指令指示出来。

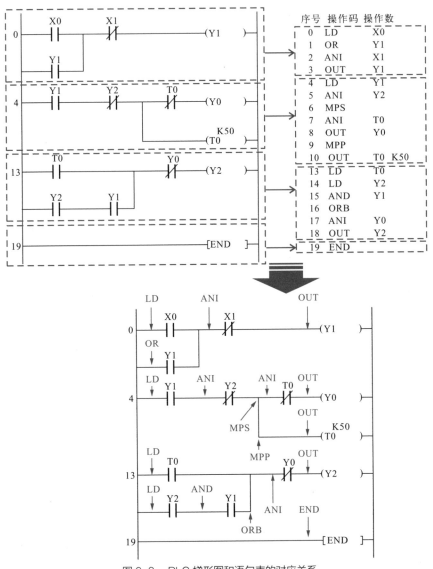

图 6-3　PLC 梯形图和语句表的对应关系

提示说明

在很多 PLC 编程软件中，都具有 PLC 梯形图和 PLC 语句表的互换功能，如图 6-4 所示。通过"梯形图/指令表显示切换"按钮可实现 PLC 梯形图和语句表之间的转换。值得注意的是，所有的 PLC 梯形图都可转换成所对应的语句表，但并不是所有的语句表都可以转换为所对应的梯形图。

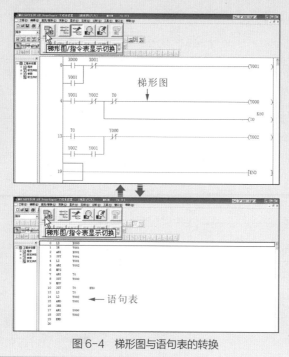

图 6-4　梯形图与语句表的转换

6.2.2　三菱 PLC 语句表编程

图 6-5 为电动机顺序启动控制 PLC 语句表程序。

LD	X1		//如果按下启动按钮SB2
OR	Y0		//启动运行自锁
ANI	X2		//并且停止按钮SB1未动作
ANI	X0		//并且过热保护继电器FR热元件未动作
OUT	Y0		//电动机M_1交流接触器KM1得电，电动机M_1启动运转
LD	Y0		//如果电动机M_1交流接触器KM1得电
ANI	Y1		//并且电动机M_2交流接触器KM2未动作
OUT	T51	K50	//启动定时器，开始5s计时
LD	T51		//如果定时器T51得电
OR	Y1		//启动运行自锁
ANI	X2		//并且停止按钮SB1未动作
ANI	X0		//并且过热保护继电器FR热元件未动作
OUT	Y1		//电动机M_2交流接触器KM2得电，电动机M_2启动运转
END			//程序结束

图 6-5　电动机顺序启动控制 PLC 语句表程序

在语句表编程时，根据上述控制要求可知，输入设备主要包括：控制信号的输入设备 3 个，即停止按钮 SB1、启动按钮 SB2、过热保护继电器 FR 热元件，因此，应有 3 个输入信号。

输出设备主要包括 2 个接触器，即控制电动机 M_1 的交流接触器 KM1、控制电动机 M_2 的交流接触器 KM2，因此，应有 2 个输出信号。

将输入设备和输出设备的元件编号与三菱 PLC 语句表中的操作数（编程元件的地址编号）进行对应，填写三菱 PLC 的 I/O 分配表，见表 6-3 所列。

表 6-3　电动机顺序启动控制的三菱 PLC 语句表的 I/O 地址分配表

输入信号及地址编号			输出信号及地址编号		
名称	代号	输入点地址编号	名称	代号	输出点地址编号
过热保护继电器	FR	X0	控制电动机 M_1 的接触器	KM1	Y0
启动按钮	SB2	X1	控制电动机 M_2 的接触器	KM2	Y1
停止按钮	SB1	X2	—	—	—

电动机顺序启动控制模块划分和 I/O 分配表绘制完成后，便可根据各模块的控制要求进行语句表的编写，最后将各模块语句表进行组合。

（1）电动机 M_1 启停控制模块语句表的编写

控制要求：按下启动按钮 SB2，控制交流接触器 KM1 得电，电动机 M_1 启动连续运转；按下停止按钮 SB1，控制交流接触器 KM1 失电，电动机 M_1 停止连续运转。

图 6-6 为电动机 M_1 启动和停机控制模块语句表的编程。

（2）时间控制模块语句表的编写

控制要求：电动机 M_1 启动运转后，开始 5s 计时。

图 6-7 为时间控制模块语句表的编程。

（3）电动机 M_2 启停控制模块语句表的编写

控制要求：定时时间到，控制交流接触器 KM2 得电，电动机 M_2 启动连续运转；按下停止按钮 SB1，控制交流接触器 KM2 失电，电动机 M_2 停止连续运转。

图 6-8 为电动机 M_2 启动和停机控制模块语句表的编程。

（4）3 个控制模块语句表的组合

根据各模块的先后顺序，将上述 3 个控制模块组合完成后，添加 PLC 语句表的结束指令。最后分析编写完成的语句表并做调整，最终完成整个系统的语句表编程工作。

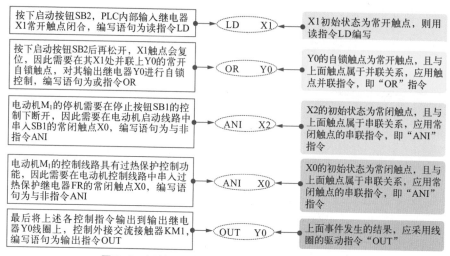

图 6-6　电动机 M₁ 启动和停机控制模块语句表的编程

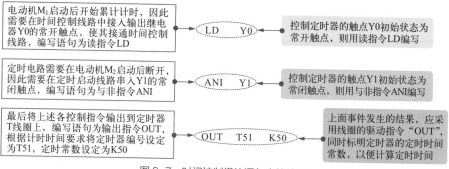

图 6-7　时间控制模块语句表的编程

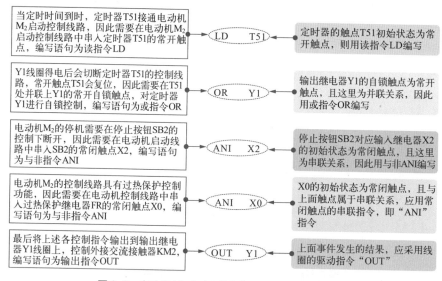

图 6-8　电动机 M₂ 启动和停机控制模块语句表的编程

　　直接使用指令进行语句表编程比较抽象，对于初学者比较困难，因此在编写三菱 PLC 语句表时，可与梯形图语言配合使用，先编写梯形图程序，然后按照编程指令的应用规则进行逐条转换。例如，在上述电动机顺序启动的 PLC 控制中，根据控制要求很容易编写出十分直观的梯形图，然后按照指令规则进行语句表的转换，如图 6-9 所示。

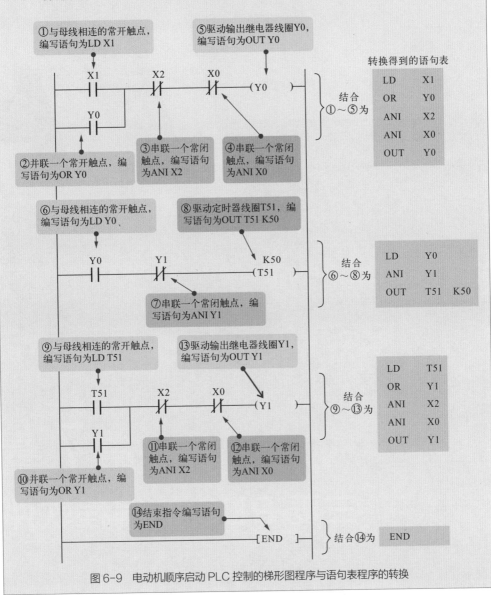

图 6-9　电动机顺序启动 PLC 控制的梯形图程序与语句表程序的转换

第 7 章

三菱 PLC 的编程软件

7.1　三菱 PLC 编程软件的安装

7.1.1　三菱 PLC 编程软件

(1) 三菱 PLC 编程软件 GX Developer

GX Developer 是一款可适用于三菱 PLC 全部系列的程序设计软件，支持三菱 PLC 梯形图、指令表、SFC、ST 及 FBD、Label 语言程序设计，网络参数设定，也可在线上对程序进行更改、监控及调试，结构化程序的编写（分部程序设计），还可以将其制作成标准化程序，使用于其他同类系统中。

如图 7-1 所示，编程软件 GX Developer 适用于 Q、QnU、QS、QnA、AnS、AnA、FX 等全系列所有 PLC 进行编程，可在 Windows XP（32bit/64bit）、Windows Vista（32bit/64bit）、Windows 7（32bit/64bit）操作系统中运行，其编程功能十分强大。

图 7-1　三菱 PLC 编程软件 GX Developer

(2) 三菱 PLC 编程仿真软件 GX Simulator

GX Simulator 是一款三菱 PLC 仿真的调试软件，所有的三菱 PLC 型号都可运用，可模拟外部 I/O 信号，从而设定软件状态与数值。

图 7-2 为三菱 PLC 编程仿真软件 GX Simulator 的仿真窗口。

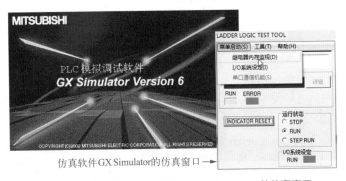

图 7-2　三菱 PLC 编程仿真软件 GX Simulator 的仿真窗口

（3）三菱 PLC 维护工具软件 GX Explorer

GX Explorer 是一款可支持全部三菱 PLC 系列的维护工具软件，可提供三菱 PLC 一些维护时必要的功能。与 Windows 操作类似，通过拖动进行三菱 PLC 程序的上传/下载，还可同时打开多个窗口对多个 CPU 系统的资料进行监控，配合 GX RemoteService-I 使用网际网络维护功能。

维护工具软件 GX Explorer

图 7-3　三菱 PLC 维护工具软件 GX Explorer 的界面

图 7-3 为三菱 PLC 维护工具软件 GX Explorer 的界面。

7.1.2　三菱 PLC 编程软件的下载与安装

（1）三菱 PLC 编程软件 GX Developer 的下载与安装

如图 7-4 所示，使用 GX Developer 编程，首先需要在三菱机电官方网站中下载软件程序，并将下载的压缩包文件解压缩，根据安装向导安装编程软件。

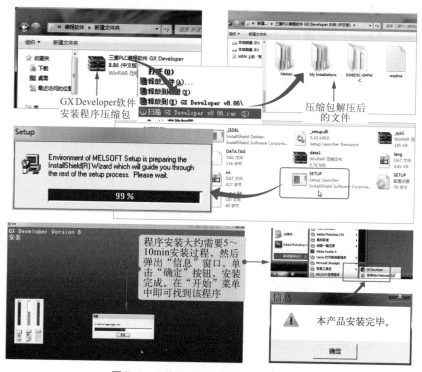

图 7-4　下载并安装 GX Developer 软件

（2）三菱 PLC 编程仿真软件 GX Simulator 的下载与安装

在互联网上找到三菱 PLC 编程仿真软件 GX Simulator 的安装包文件，下载文件后解压缩，根据安装向导安装编程仿真软件，如图 7-5 所示。

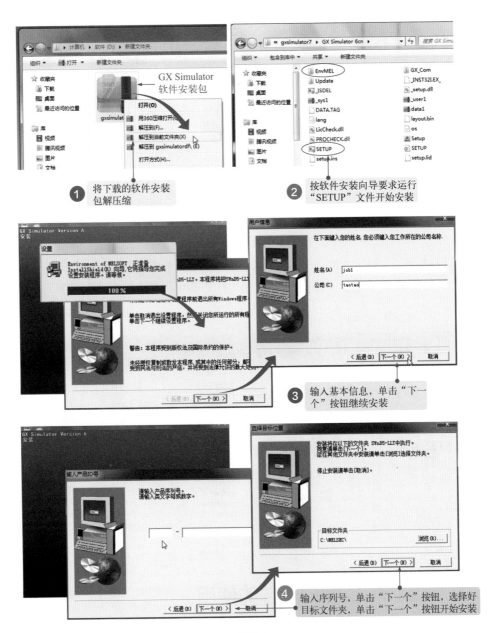

图 7-5

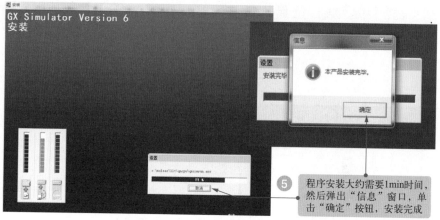

图 7-5 下载并安装 GX Simulator 软件

安装时，首先需要运行 EnvMEL 子目录下的 Setup.exe，再运行根目录下的 Setup.exe，根据安装向导输入相应序列号信息后完成安装。

值得注意的是，三菱 PLC 编程仿真软件 GX Simulator 应在完成 GX Developer 软件安装后再进行安装。安装好之后，不会在开始菜单或桌面上添加仿真快捷方式，GX Simulator 只会作为 GX Developer 的一个插件，反映在"工具"菜单中"梯形图逻辑测试启动（L）"功能可用，如图 7-6 所示。

使用 GX Developer 软件绘制三菱 PLC 梯形图

图 7-6 GX Developer 软件"工具"菜单中的"梯形图逻辑测试启动（L）"

7.2 三菱 PLC 编程软件的使用

7.2.1 三菱 PLC 编程软件 GX Developer 的使用操作

首先，将已安装好的三菱 PLC 编程软件 GX Developer 启动运行。即在软件安装完成后，执行"Start"→"所有程序"→"MELSOFT 应用程序"→"GX Developer"命令，打开软件，进入编程环境，如图 7-7 所示。

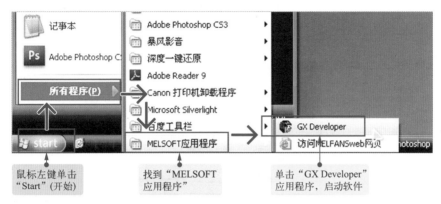

图 7-7 GX Developer 软件的启动运行

打开 GX Developer 编程软件后，了解软件中的基本编程工具，并初步熟悉其菜单、工具等工作界面分布情况，如图 7-8 所示。

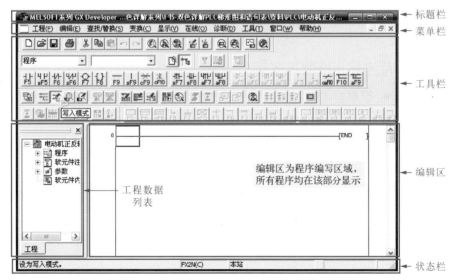

图 7-8 了解 GX Developer 软件的工作界面

（1）新建工程

如图 7-9 所示，编写一个程序，首先需要新建一个工程文件。打开该软件后，选择"工程""创建新工程"命令或使用快捷键"Ctrl+N"进行新建工程的操作。执行该命令后，会弹出"创建新工程"的对话框。在创建新工程的对话框中，根据编程前期的分析来确定选用 PLC 的系列及类型。

图 7-9　在 GX Developer 软件中新建工程操作

> **提示说明**
>
> 　　　新建工程后，可对新建工程的名称、保存路径和标题等进行修改，这里将工程路径设置为"F：\图解三菱 PLC 编程与实战\PLC 程序"，工程名根据梯形图程序功能命名为"电动机正反转控制"（该步可以省略，在保存工程步骤中设置），单击"确定"，进入编辑状态。

（2）编写程序（绘制梯形图）

编制和修改程序是 GX Developer 软件最基本的功能，也是使用该软件编程时的关键步骤。

如图 7-10 所示，以一个简单的梯形图编写为例，具体介绍该软件中梯形图程序的基本编写方法和技巧。

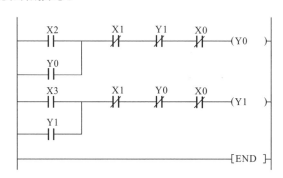

图 7-10　待编写的简单 PLC 梯形图

① 单击编辑窗口工具栏上的"🗶"按钮或按下"F2"键，使 GX Developer 编程软件的编辑区进入梯形图写入模式，然后单击"🖳"按钮（梯形图 / 语句表

显示切换），选择为梯形图显示，为绘制梯形图做好准备，如图 7-11 所示。

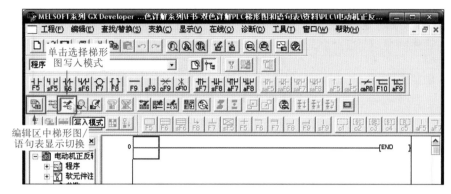

图 7-11　在 GX Developer 软件中新建工程操作

② 在软件编辑区域中的蓝色方框中添加编程元件，根据前面的梯形图，绘制表示常开触点的编程元件"X2"，如图 7-12 所示。

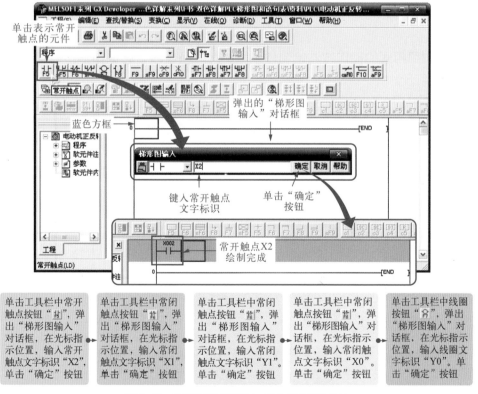

单击工具栏中常开触点按钮"├┤"，弹出"梯形图输入"对话框，在光标指示位置，输入常开触点文字标识"X2"，单击"确定"按钮 → 单击工具栏中常闭触点按钮"┤├"，弹出"梯形图输入"对话框，在光标指示位置，输入常闭触点文字标识"X1"，单击"确定"按钮 → 单击工具栏中常开触点按钮"├┤"，弹出"梯形图输入"对话框，在光标指示位置，输入常开触点文字标识"Y1"，单击"确定"按钮 → 单击工具栏中常闭触点按钮"┤├"，弹出"梯形图输入"对话框，在光标指示位置，输入常闭触点文字标识"X0"，单击"确定"按钮 → 单击工具栏中线圈按钮"○"，弹出"梯形图输入"对话框，在光标指示位置，输入线圈文字标识"Y0"，单击"确定"按钮

图 7-12　放置编程元件符号，输入编程元件地址

③ 需要输入常开触点"X2"的并联元件"Y0"，该步骤中需要了解垂直和

水平线的绘制方法，如图 7-13 所示。

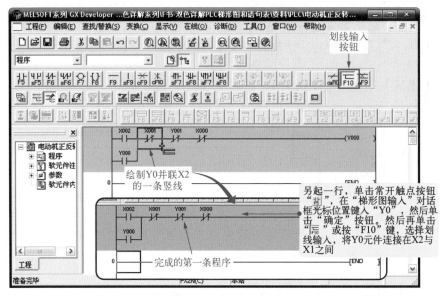

图 7-13　绘制垂直和水平线

④ 按照相同的操作方法绘制梯形图的第二条程序，完成梯形图的编写，如图 7-14 所示。

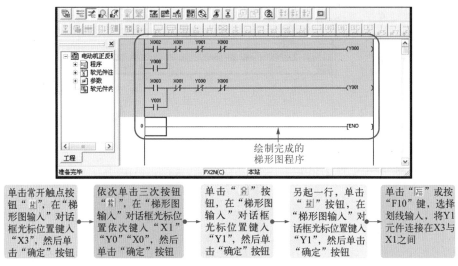

图 7-14　梯形图第二条程序的绘制

在编写程序过程中如需要对梯形图进行删除、修改或插入等操作，可在需要进行操作的位置单击鼠标左键，即可在该位置显示蓝色方框，在蓝色方框处单击鼠标右键，即可显示各种操作选项，选择相应的操作即可，如图 7-15 所示。

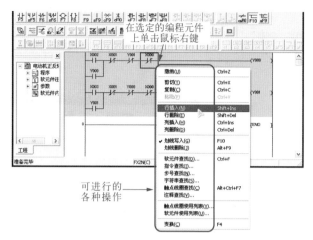

图 7-15　梯形图的删除、修改或插入

⑤ 保存工程。完成梯形图程序的绘制后需要保存工程，在保存工程之前必须先执行"变换"操作，即执行菜单栏"变换"中的"变换"命令，或直接按下"F4"键完成变换，此时编辑区不再是灰色状态，如图 7-16 所示。

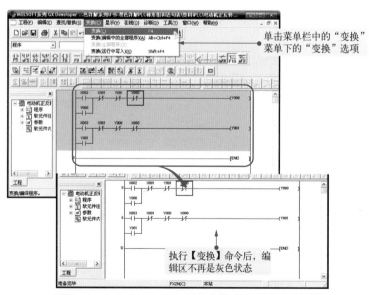

图 7-16　在 GX Developer 软件中梯形图程序的变换操作

梯形图变换完成后选择菜单栏中"工程"中的"保存工程"或"另存工程为"选项，并在弹出对话框中单击"保存"按钮即可（若在新建工程操作中未对保存路径及工程名称进行设置，则可在该对话框中进行设置），如图 7-17 所示。

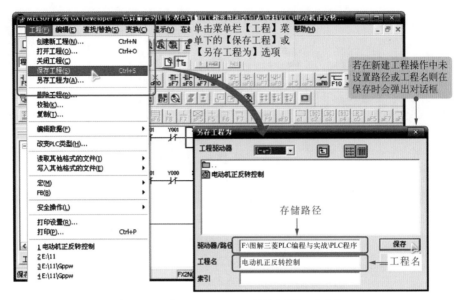

图 7-17　在 GX Developer 软件中保存工程操作

（3）程序检查

对完成绘制的梯形图，应执行"程序检查"指令，即选择菜单栏中的"工具"菜单下的"程序检查"选项，在弹出的对话框中，单击"执行"按钮，即可检查绘制的梯形图是否正确，如图 7-18 所示。

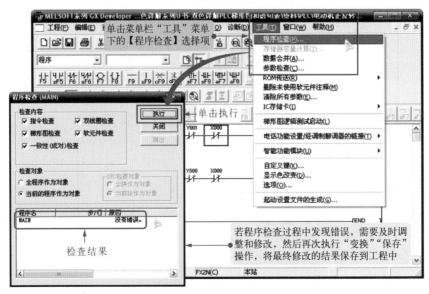

图 7-18　在 GX Developer 软件中检查梯形图程序

（4）写入 PLC

借助通信电缆连接写有 PLC 梯形图的计算机与 PLC，将编写好的程序写入 PLC 内部，如图 7-19 所示。

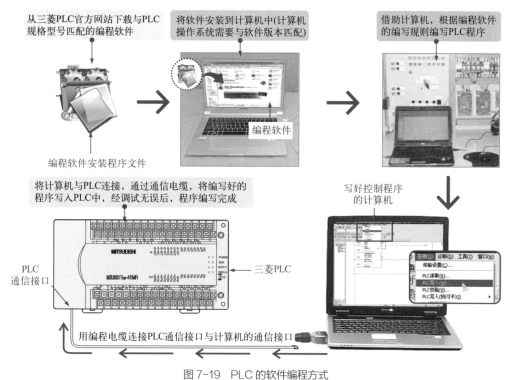

图 7-19 PLC 的软件编程方式

7.2.2 三菱 PLC 编程仿真软件 GX Simulator 的使用操作

（1）启动编程软件 GX Developer

使用三菱 PLC 编程仿真软件 GX Simulator，首先需要打开编程软件 GX Developer，启动编程软件 GX Developer，创建一个新工程，如图 7-20 所示。

（2）编写一个简单的梯形图

在编程软件 GX Developer 中编写一个简单的梯形图，如图 7-21 所示。

（3）启动仿真软件 GX Simulator

如图 7-22 所示，在编程软件 GX Developer 的菜单栏中单击"工具"选项，在其下拉菜单中即可看到"梯形图逻辑测试启动"，单击该选项即可启动仿真软件 GX Simulator。

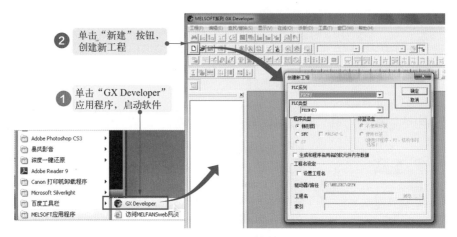

图 7-20　启动 GX Developer 并创建一个新工程

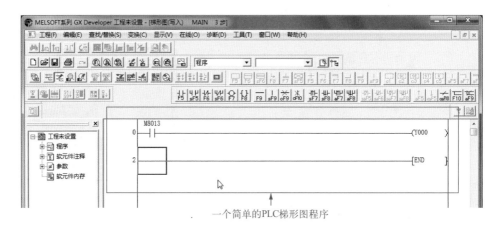

图 7-21　编写简单梯形图

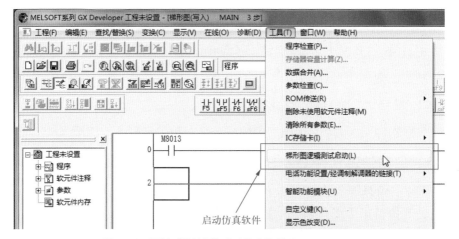

图 7-22　通过"菜单栏"启动仿真软件 GX Simulator

另外，也可通过编程软件 GX Developer 工具栏上的快捷图标启动仿真软件，如图 7-23 所示。

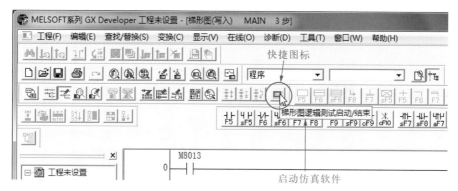

图 7-23　通过快捷图标启动仿真软件 GX Simulator

图 7-24 为启动仿真软件 GX Simulator 后弹出的"仿真窗口"，该窗口可显示运行状态。

（4）模拟 PLC 写入过程

启动仿真软件后，程序开始在计算机上模拟 PLC 写入过程，如图 7-25 所示。

图 7-24　仿真窗口

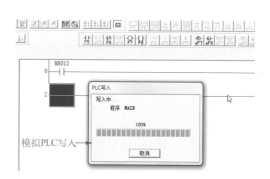

图 7-25　模拟 PLC 写入过程

模拟写入完成后，程序开始运行，如图 7-26 所示。

（5）监控程序的运行状态

在仿真软件启动运行状态下，可以通过"在线"中的"软元件测试"来强制一些输入条件 ON 或者 OFF，监控程序的运行状态。

单击菜单栏中的"在线"选项，弹出下拉菜单，点击"调试"→"软元件测试"或者直接点击"软元件测试"快捷图标，如图 7-27 所示。

弹出"软元件测试"对话框，如图 7-28 所示。

图 7-26　程序运行

通过快捷图标启动"软元件测试"功能　　　　通过菜单栏启动"软元件测试"功能

图 7-27　启动软元件测试功能

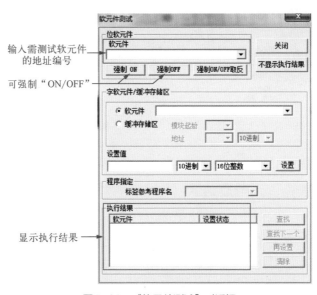

图 7-28　"软元件测试"对话框

例如，在该对话框"位软元件"栏中输入要强制的软元件，如 M8013，需要把该元件置 ON 的，就点击"强制 ON"按钮，如需要把该元件置 OFF 的，就点击"强制 OFF"按钮。同时在"执行结果"栏中显示被强制的状态，如图 7-29 所示。

图 7-29 对 M8013 进行测试

（6）仿真软件对位元件的监控

点击仿真窗口上的"菜单启动"→"继电器内存监视"，弹出如图 7-30 所示窗口。

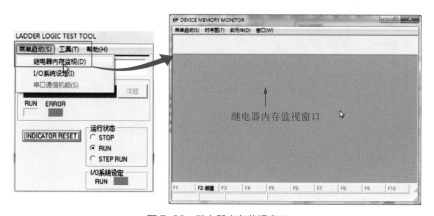

图 7-30 继电器内存监视窗口

点击"软元件"→"位软元件窗口"→"Y"，如图 7-31 所示。

图 7-31 中可以看到监视到所有输出 Y 的状态，若显示为黄色，则说明当前状态为 ON，若不变色，则处于 OFF 状态。同样，也可用同样的方法监视到 PLC 内所有元件的状态。位元件，用鼠标双击，可以强置 ON，再双击，可以强置 OFF；数据寄存器 D，可以直接置数；对于 T、C 也可以修改当前值，因

此调试程序非常方便。

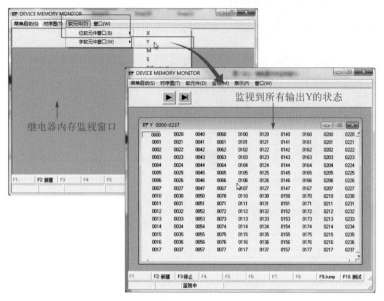

图 7-31 对"Y"的监视状态

(7)仿真软件时序图监控

点击仿真窗口的"时序图"→"启动",弹出时序图监控窗口,如图 7-32 所示。

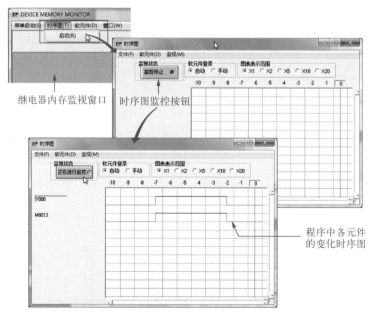

图 7-32 时序图监控窗口

（8）PLC 的停止和运行

点击仿真窗口中的"STOP"，PLC 就停止运行，再点击"RUN"，PLC 又运行，如图 7-33 所示。

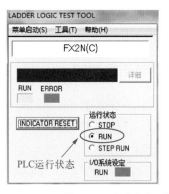

图 7-33　在仿真窗口控制 PLC 的停止和运行

（9）退出仿真软件

在对程序仿真测试时，通常需要对程序进行修改，这时要退出 PLC 仿真运行软件，重新对程序进行编辑修改。

退出仿真软件时，先单击仿真窗口中的"STOP"，然后点击"工具"中的"梯形图逻辑测试结束"，如图 7-34 所示。

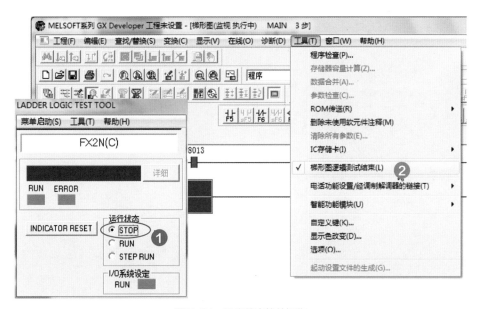

图 7-34　退出仿真软件操作

　　弹出"停止梯形图逻辑测试"对话框，单击"确定"按钮即可退出仿真运行，如图 7-35 所示。

图 7-35　"停止梯形图逻辑测试"对话框

　　值得注意的是，退出仿真软件后，编程软件中的光标还是蓝块，程序处于监控状态，不能对程序进行编辑，需要单击工具栏中的快捷图标"写入状态"，光标变成方框，即可对 PLC 程序进行编辑修改。

第 8 章

三菱 PLC（FX_{2N} 系列）的 逻辑指令

8.1 三菱 PLC（FX$_{2N}$ 系列）的基本逻辑指令

基本逻辑指令是三菱 PLC 指令系统中最基本、最关键的指令，是编写三菱 PLC 程序时应用最多的指令。

以三菱 FX$_{2N}$ 系列 PLC 程序指令为例。三菱 FX$_{2N}$ 系列 PLC 基本逻辑指令包含 27 条，为了更形象地了解各编程指令的功能特点和使用方法，可结合与之相对应的 PLC 梯形图进行分析理解。

三菱 PLC 逻辑读、读反和输出指令

8.1.1 逻辑读、读反和输出指令

逻辑读、读反及输出指令包括 LD、LDI 和 OUT 三个基本指令，如图 8-1 所示。

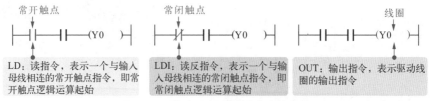

图 8-1 逻辑读、读反和输出指令的含义

读指令 LD 和读反指令 LDI 通常用于每条电路的第一个触点，用于将触点接到输入母线上；而输出指令 OUT 则是用于对输出继电器、辅助继电器、定时器、计数器等线圈的驱动，但不能用于对输入继电器的驱动，如图 8-2 所示。

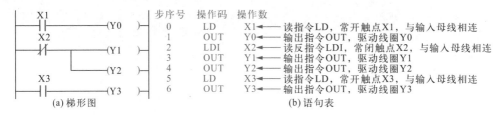

图 8-2 逻辑读、读反和输出指令的应用

提示说明

若使用 OUT 输出指令驱动定时器 T、计数器 C 时，应在 PLC 语句表相应操作数的上端设置常数 K，如图 8-3 所示。

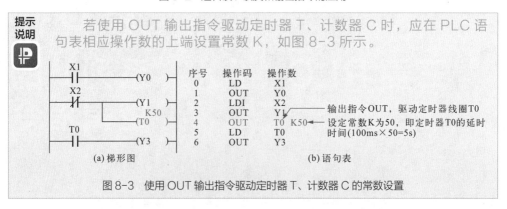

图 8-3 使用 OUT 输出指令驱动定时器 T、计数器 C 的常数设置

8.1.2　与、与非指令

与、与非指令也称为触点串联指令，包括 AND、ANI 两个基本指令，如图 8-4 所示。

图 8-4　与、与非指令的含义

与指令 AND 和与非指令 ANI 可控制触点进行简单的串联，其中 AND 用于常开触点的串联，ANI 用于常闭触点的串联，其串联触点的个数没有限制，该指令可以多次重复使用，如图 8-5 所示。

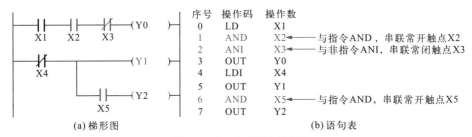

图 8-5　与、与非指令的应用

8.1.3　或、或非指令

或、或非指令也称为触点并联指令，包括 OR、ORI 两个基本指令，如图 8-6 所示。

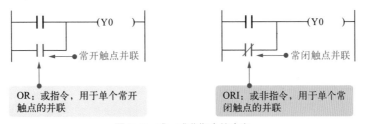

图 8-6　或、或非指令的含义

或指令 OR 和或非指令 ORI 可控制触点进行简单的并联，其中 OR 用于常开触点的并联，ORI 用于常闭触点的并联，其并联触点的个数没有限制，该指令可以多次重复使用，如图 8-7 所示。

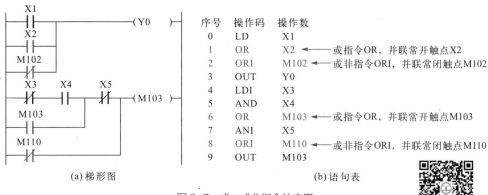

(a) 梯形图　　　　　　　　　　　　(b) 语句表

图 8-7　或、或非指令的应用

8.1.4　电路块与、电路块或指令

三菱 PLC 并联电路
块逻辑"与"指令

电路块与、电路块或指令称为电路块连接指令，包括 ANB、ORB 两个基本指令，如图 8-8 所示。

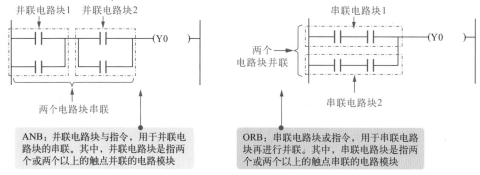

图 8-8　电路块与、电路块或指令的含义

并联电路块与指令 ANB 是一种无操作数的指令。当这种电路块之间进行串联时，分支的开始用 LD、LDI 指令，并联结束后分支的结果用 ANB 指令，该指令编程方法对串联电路块的个数没有限制，如图 8-9 所示。

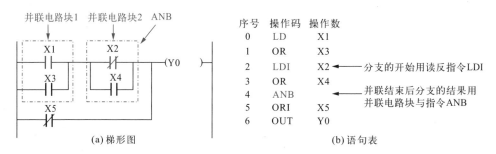

(a) 梯形图　　　　　　　　　　　　(b) 语句表

图 8-9　并联电路块与指令的应用

串联电路块或指令 ORB 是一种无操作数的指令，当这种电路块之间进行并联时，分支的开始用 LD、LDI 指令，串联结束后分支的结果用 ORB 指令，该指令编程方法对并联电路块的个数没有限制，如图 8-10 所示。

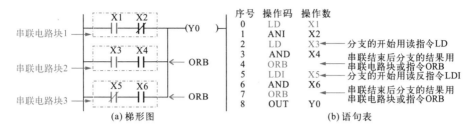

图 8-10　串联电路块或指令的应用

 提示说明　　PLC 指令语句表中电路块连接指令混合应用时，无论是并联电路块还是串联电路块，分支的开始都是用 LD、LDI 指令，且当串联或并联结束后，分支的结果使用 ANB 或 ORB 指令。

8.1.5　置位和复位指令

置位和复位指令是指 SET 和 RST 指令，如图 8-11 所示。

三菱 PLC 串联电路块逻辑"或"指令

图 8-11　置位和复位指令的含义

SET 置位指令可对 Y（输出继电器）、M（辅助继电器）、S（状态继电器）进行置位操作。RST 复位指令可对 Y（输出继电器）、M（辅助继电器）、S（状态继电器）、T（定时器）、C（计数器）、D（数据寄存器）和 V/Z（变址寄存器）进行复位操作，如图 8-12 所示。

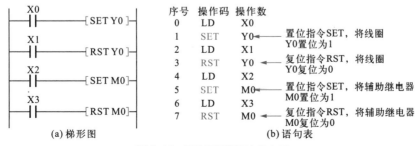

图 8-12　置位和复位指令的应用

> **提示说明**
>
> 如图 8-13 所示，当 X0 闭合时，SET 置位指令将线圈 Y0 置位并保持为 1，即线圈 Y0 得电，当 X0 断开时，线圈 Y0 仍保持得电；当 X1 闭合时，RST 复位指令将线圈 Y0 复位并保持为 0，即线圈 Y0 复位断开，当 X1 断开时，线圈 Y0 仍保持断开状态。

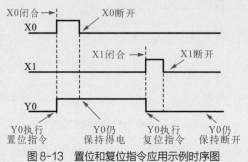

图 8-13　置位和复位指令应用示例时序图

> SET 置位指令和 RST 复位指令在三菱 PLC 中可不限次数、不限顺序地使用。

8.1.6　脉冲输出指令

脉冲输出指令包含 PLS（上升沿脉冲指令）和 PLF（下降沿脉冲指令）两个指令，如图 8-14 所示。

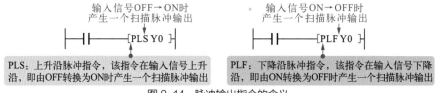

图 8-14　脉冲输出指令的含义

使用上升沿脉冲指令 PLS，线圈 Y 或 M 仅在驱动输入闭合后（上升沿）的一个扫描周期内动作，执行脉冲输出；使用下降沿脉冲指令 PLF，线圈 Y 或 M 仅在驱动输入断开后（下降沿）的一个扫描周期动作，执行脉冲输出，如图 8-15 所示。

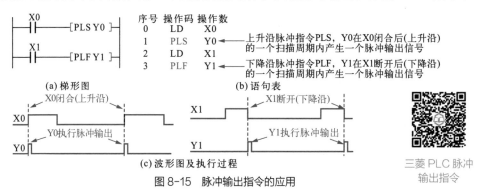

图 8-15　脉冲输出指令的应用

三菱 PLC 脉冲输出指令

> **提示说明**
>
> 图8-16为PLC指令语句表中置位和复位指令与脉冲输出指令的混合应用。

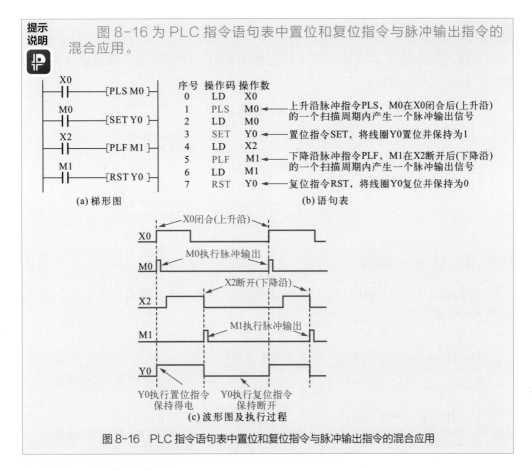

图8-16 PLC指令语句表中置位和复位指令与脉冲输出指令的混合应用

8.1.7 读脉冲指令

读脉冲指令包含LDP（读上升沿脉冲）和LDF（读下降沿脉冲）两个指令，如图8-17所示。

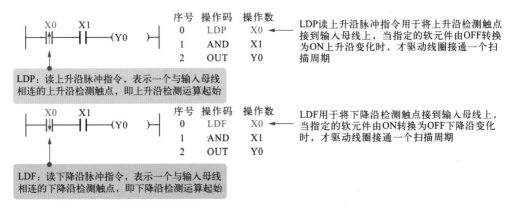

图8-17 读脉冲指令的含义

8.1.8　与脉冲指令

与脉冲指令包含 ANDP（与上升沿脉冲）和 ANDF（与下降沿脉冲）两个指令，如图 8-18 所示。

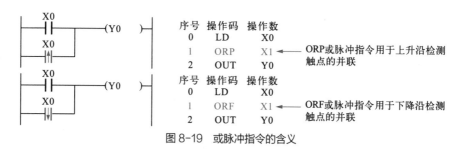

图 8-18　与脉冲指令的含义

8.1.9　或脉冲指令

或脉冲指令包含 ORP（或上升沿脉冲）和 ORF（或下降沿脉冲）两个指令，如图 8-19 所示。

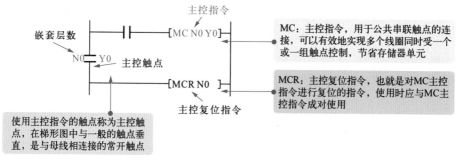

图 8-19　或脉冲指令的含义

8.1.10　主控和主控复位指令

主控和主控复位指令包括 MC 和 MCR 两个基本指令，如图 8-20 所示。

图 8-20　主控和主控复位指令的含义

在典型主控指令与主控复位指令应用中，主控指令即为借助辅助继电器

M100，在其常开触点后新加了一条子母线，该母线后的所有触点与它之间都用 LD 或 LDI 连接，当 M100 控制的逻辑行执行结束后，应用主控复位指令 MCR 结束子母线，后面的触点仍与主母线进行连接。从图 8-21 中可看出，当 X1 闭合后，执行 MC 与 MCR 之间的指令，当 X1 断开后，将跳过 MC 主控指令控制的梯形图语句模块，直接执行下面的语句。

图 8-21 为主控和主控复位指令的应用。

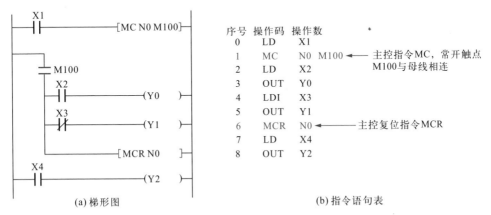

图 8-21　主控和主控复位指令的应用

提示说明

操作数 N 为嵌套层数（0 ~ 7 层），是指在 MC 主控指令区内嵌套 MC 主控指令，根据嵌套层数的不同，嵌套层数 N 的编号逐渐增大，使用 MCR 主控复位指令进行复位时，嵌套层数 N 的编号逐渐减小，如图 8-22 所示。

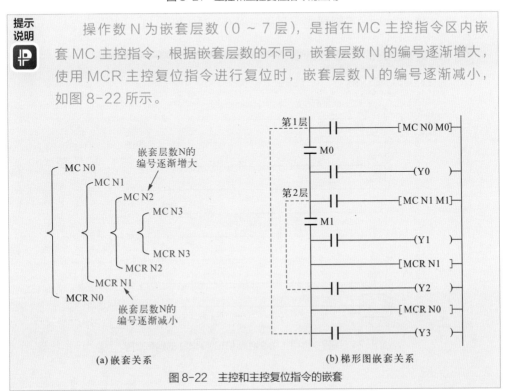

图 8-22　主控和主控复位指令的嵌套

图 8-23 为主控和主控复位指令的嵌套应用。

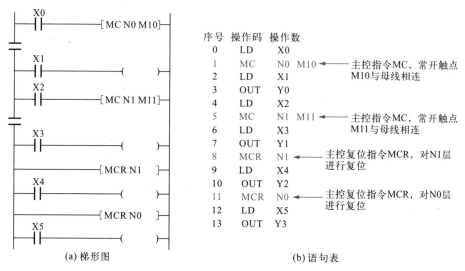

图 8-23   主控和主控复位指令的嵌套应用

 提示说明
　　在梯形图中新加两个主指令触点 M10 和 M11 是为了更加直观地识别出主指令触点以及梯形图的嵌套层数，在实际的 PLC 编程软件中输入上述梯形图时，不需要输入主指令触点 M10 和 M11，如图 8-24 所示。

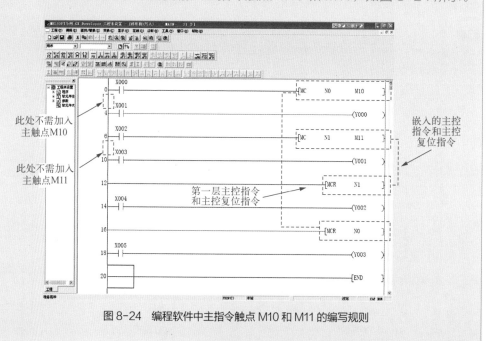

图 8-24   编程软件中主指令触点 M10 和 M11 的编写规则

8.2 三菱 PLC（FX₂N 系列）的实用逻辑指令

8.2.1 进栈、读栈、出栈指令

三菱 FX 系列 PLC 中有 11 个存储运算中间结果的存储器，称为栈存储器，如图 8-25 所示。

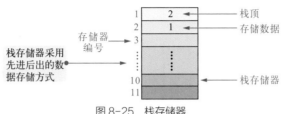

图 8-25 栈存储器

栈存储器指令包括进栈指令 MPS、读栈指令 MRD 和出栈指令 MPP，这三种指令也称为多重输出指令，如图 8-26 所示。

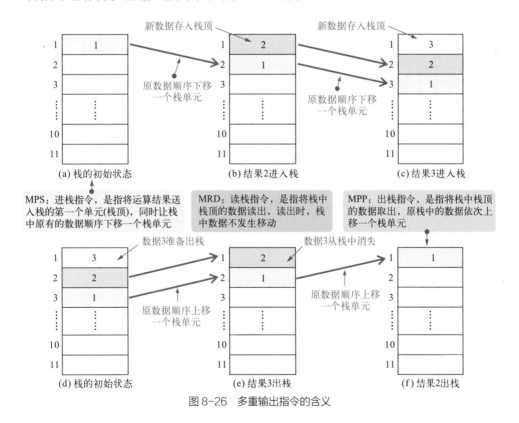

图 8-26 多重输出指令的含义

进栈指令 MPS 将多重输出电路中的连接点处的数据先存储在栈中，然后再使用读栈指令 MRD 将连接点处的数据从栈中读出，最后使用出栈指令 MPP 将连接点处的数据取出，如图 8-27 所示。

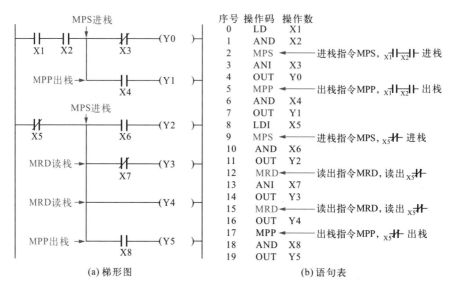

(a) 梯形图   (b) 语句表

图 8-27   多重输出指令的应用

> **提示说明**
>
> 多重输出指令是一种无操作元件号的指令，其中 MPS 指令和 MPP 指令必须成对使用，而且连续使用次数应少于 11，如图 8-28 所示。

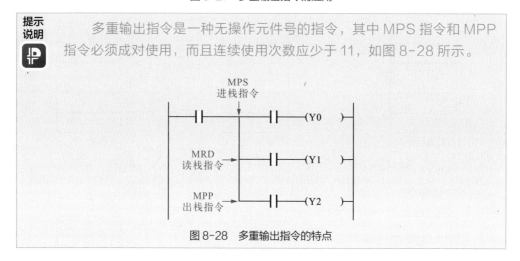

图 8-28   多重输出指令的特点

8.2.2　取反指令

取反指令（INV）是指将执行指令之前的运算结果取反，如图 8-29 所示。

使用取反指令 INV 后，当 X1 闭合（逻辑赋值为 1）时，取反后为断开状态（0），线圈 Y0 不得电，当 X1 断开时（逻辑赋值为 0），取反后为闭合状态（1），此时线圈 Y0 得电；当 X2 闭合（逻辑赋值为 0）时，取反后为断开状态（1），线圈 Y0 不得电，当 X2 断开时（逻辑赋值为 1），取反后为闭合状态（0），此时线圈 Y0 得电。

图 8-29 取反指令的含义

图 8-30 为取反指令的应用。

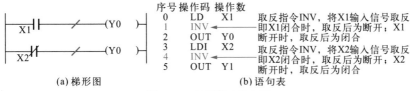

(a) 梯形图　　　　　　　　(b) 语句表

图 8-30 取反指令的应用

8.2.3 空操作指令

NOP：空操作指令，是一条无动作、无目标元件的指令，主要在改动或追加程序时使用，如图 8-31 所示。

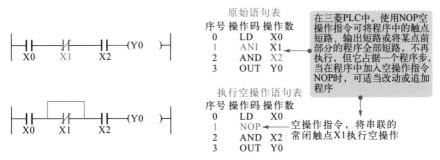

图 8-31 空操作指令的含义

8.2.4 结束指令

END：结束指令，也是一条无动作、无目标元件的指令，如图 8-32 所示。

图 8-32 结束指令的含义

> **提示说明**
> 　　程序结束指令多应用于复杂程序的调试中，将复杂程序划分为若干段，每段后写入 END 指令后，可分别检验程序执行是否正常，当所有程序段执行无误后再依次删除 END 指令即可。当程序结束时，应在最后一条程序的下一条线路上加上程序结束指令。

第 9 章

三菱 PLC（FX$_{2N}$ 系列）的 数据传送、比较、处理和循环 移位指令

9.1 三菱 PLC（FX_{2N} 系列）的传送指令

9.1.1 传送指令

传送指令用于将源数据传送到指定的目标地址中。传送指令的格式见表 9-1 所列。

表 9-1 传送指令的格式

指令名称	助记符	功能码（处理位数）	源操作数 [S ·]	目标操作数 [D ·]	占用程序步数
传送	MOV（连续执行型）	FNC12 （16/32）	K、H、KnX、KnY、KnM、KnS、T、C、D、V、Z	KnY、KnM、KnS、T、C、D、V、Z	MOV、MOVP…5 步（16 位）
	MOVP（脉冲执行型）				DMOV、DMOVP…9 步（32 位）

图 9-1、图 9-2 为传送指令的应用示例。

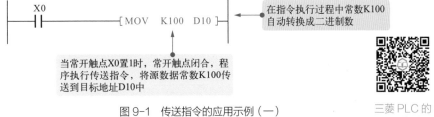

图 9-1 传送指令的应用示例（一）

三菱 PLC 的
传送指令

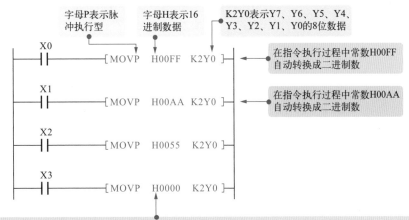

图 9-2 传送指令的应用示例（二）

9.1.2 移位传送指令

移位传送指令用于将二进制源数据自动转换成 4 位 BCD 码，再经移位传送后，传送至目标地址，传送后的 BCD 码数据自动转换成二进制数。

移位传送指令的格式见表 9-2 所列。

表 9-2　移位传送指令的格式

指令名称	助记符	功能码（处理位数）	操作数范围					占用程序步数
			源操作数 [S·]	m1	m2	目标操作数 [D·]	n	
移位传送	SMOV（连续执行型）	FNC13 (16)	K、H、KnX、KnY、KnM、KnS、T、C、D、V、Z	K、H：1～4	K、H：1～4	KnY、KnM、KnS、T、C、D、V、Z	K、H：1～4	11步
	SMOVP（脉冲执行型）							

图 9-3 为移位传送指令的应用示例。

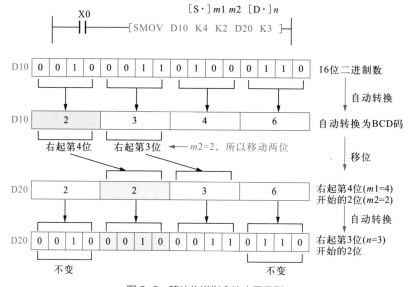

图 9-3　移位传送指令的应用示例

9.1.3 取反传送指令

取反传送指令 CML（功能码为 FNC14）用于将源操作数中的数据逐位取反后，传送到目标地址中。

取反传送指令的格式见表 9-3 所列。

表 9-3　取反传送指令的格式

指令名称	助记符	功能码（处理位数）	源操作数 [S·]	目标操作数 [D·]	占用程序步数
取反传送	CML（连续执行型）	FNC14（16/32）	K、H、KnX、KnY、KnM、KnS、T、C、D、V、Z	KnY、KnM、KnS、T、C、D、V、Z	16 位指令 CML 和 CMLP…5 步；32 位指令 DCML 和 DCMLP…13 步
	CMLP（脉冲执行型）				

图 9-4 为取反传送指令的应用示例。

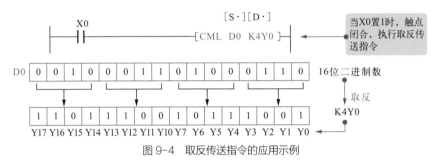

图 9-4　取反传送指令的应用示例

9.1.4　块传送指令

块传送指令 BMOV（功能码为 FNC15）用于将源操作数指定的由 n 个数据组成的数据块传送到指定的目标地址中。

块传送指令的格式见表 9-4 所列。

表 9-4　块传送指令的格式

指令名称	助记符	功能码（处理位数）	源操作数 [S·]	目标操作数 [D·]	n	占用程序步数
块传送	BMOV（连续执行型）	FNC15（16）	KnX、KnY、KnM、KnS、T、C、D	KnY、KnM、KnS、T、C、D	≤ 512	7 步
	BMOVP（脉冲执行型）					

图 9-5 为块传送指令的应用示例。

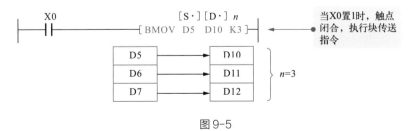

图 9-5

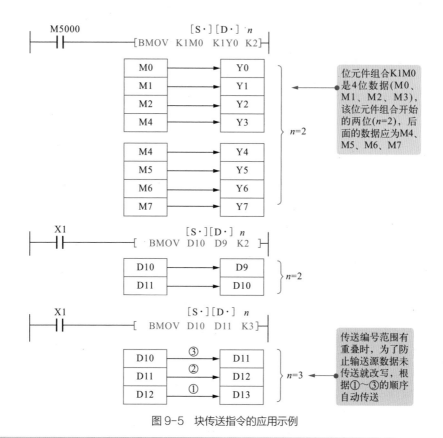

图 9-5 块传送指令的应用示例

> **提示说明**
> 三菱 PLC 的传送指令除上述几种基本指令外，还包括多点传送指令 FMOV（功能码为 FNC16）、数据交换指令 XCH（功能码为 FNC17）等。

9.2 三菱 PLC（FX$_{2N}$ 系列）的数据比较指令

三菱 FX$_{2N}$ 系列 PLC 的数据比较指令包括比较指令（CMP）和区间比较指令（ZCP）。

9.2.1 比较指令

比较指令 CMP（功能码为 FNC10）用于比较两个源操作数的数值（带符号比较）大小，将比较结果送至目标地址中。

比较指令的格式见表 9-5 所列。

表 9-5　比较指令的格式

指令名称	助记符	功能码（处理位数）	源操作数[S1·]	源操作数[S2·]	目标操作数[D·]	占用程序步数
比较	CMP（连续执行型）	FNC10（16/32）	K、H、KnX、KnY、KnM、KnS、T、C、D、V、Z		Y、M、S	CMP、CMPP…7 步
	CMPP（脉冲执行型）					DCMP、DCMPP…13 步

图 9-6 为比较指令的应用示例。

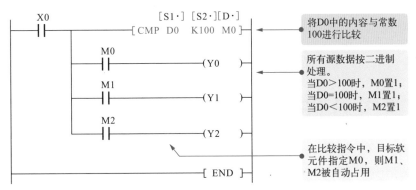

图 9-6　比较指令的应用示例

三菱 PLC 的比较指令

9.2.2　区间比较指令

区间比较指令 ZCP（功能码为 FNC11）用于将源操作数 [S·] 与两个源数据 [S1·] 和 [S2·] 组成的数据区间进行代数比较（即带符号比较），并将比较结果送到目标操作数 [D·] 中。

区间比较指令的格式见表 9-6 所列。

表 9-6　区间比较指令的格式

指令名称	助记符	功能码（处理位数）	源操作数	目标操作数[D·]	占用程序步数
			[S1·]、[S2·]、[S·]		
区间比较	ZCP（连续执行型）	FNC11（16/32）	K、H、KnX、KnY、KnM、KnS、T、C、D、V、Z	Y、M、S	ZCP、ZCPP…9 步
	ZCPP（脉冲执行型）				DZCP、DZCPP…17 步

图 9-7 为区间比较指令的应用示例。

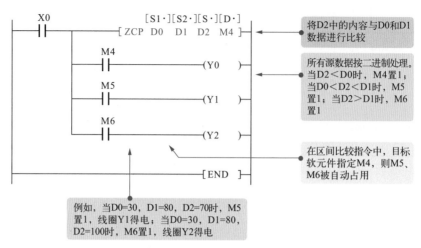

图 9-7　区间比较指令的应用示例

9.3　三菱 PLC（FX$_{2N}$ 系列）的数据处理指令

三菱 FX$_{2N}$ 系列 PLC 的数据处理指令是指进行数据处理的一类指令，主要包括全部复位指令（ZRST）、译码（DECO）和编码（ENCO）指令、ON 位数指令（SUM）、ON 位判断指令（BON）、平均值指令（MEAN）、信号报警置位和复位指令（ANS、ANR）、二进制数据开平方运算指令（SQR）、整数 – 浮点数转换指令（FLT）。

9.3.1　全部复位指令

全部复位指令 ZRST（功能码为 FNC40）用于将指定范围内（[D1·] ~ [D2·]）的同类元件全部复位。

全部复位指令的格式见表 9-7 所列。

表 9-7　全部复位指令的格式

指令名称	助记符	功能码（处理位数）	操作数范围 [D1·] ~ [D2·]	占用程序步数
全部复位	ZRST ZRSTP	FNC40 （16）	Y、M、S、T、C、D [D1·] 元件号 ≤ [D2·] 元件号	ZRST、ZRSTP…5 步

> **提示说明**
>
> 　　[D1·]、[D2·] 需指定同一类型元件，且 [D1·] 元件号 ≤ [D2·] 元件号，若 [D1·] 元件号 > [D2·] 元件号，则只有 [D1·] 指定的元件被复位。

图 9-8 为全部复位指令的应用示例。

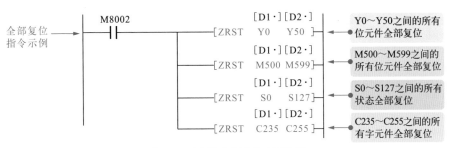

图 9-8　全部复位指令的应用示例

9.3.2　译码指令和编码指令

译码指令 DECO（功能码为 FNC41）也称为解码指令，用于根据源数据的数值来控制位元件 ON 或 OFF。

编码指令 ENCO（功能码为 FNC42）用于根据源数据中的十进制数编码为目标元件中的二进制数。

译码指令（DECO）和编码指令（ENCO）的格式见表 9-8 所列。

表 9-8　译码指令（DECO）和编码指令（ENCO）的格式

指令名称	助记符	功能码（处理位数）	操作数范围			占用程序步数
			源操作数 [S·]	目标操作数 [D·]	n	
译码	DECO DECOP	FNC41 (16)	K、H、X、Y、M、S、T、C、D、V、Z	Y、M、S、T、C、D	K、H：1 ≤ n ≤ 8	DECO、DECOP…7 步
编码	ENCO ENCOP	FNC42 (16)	X、Y、M、S、T、C、D、V、Z	T、C、D、V、Z		ENCO、ENCOP…7 步

 提示说明

译码指令中，若源数据 [S·] 为位元件时，可取 X、Y、M、S，则目标操作数 [D·] 可取 Y、M、S；若源数据 [S·] 为字元件时，可取 K、H、T、C、D、V、Z，则目标操作数 [D·] 可取 T、C、D。

编码指令中，若源数据 [S·] 为位元件时，可取 X、Y、M、S；若源数据 [S·] 为字元件时，可取 T、C、D、V、Z，则目标操作数 [D·] 可取 T、C、D、V、Z。

注：K、H、KnX、KnY、KnM、KnS、T、C、D、V、Z 属于字软元件；

X、Y、M、S 属于位软元件。

图 9-9 为译码指令的应用示例。

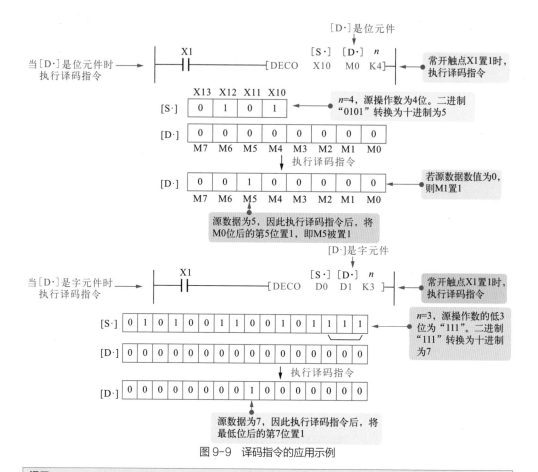

图 9-9 译码指令的应用示例

> **提示说明**
>
> 译码指令中，当 [D·] 是位元件时，$1 \leqslant n \leqslant 8$；当 $n=0$ 时，程序不执行；当 $n > 8$ 或 $n < 1$ 时，出现运算错误；当 $n=8$ 时，[D·] 的位数为 $2^8 = 256$。
>
> 当 [D·] 是字元件时，$n \leqslant 4$。当 $n=0$ 时，程序不执行；当 $n > 4$ 或 $n < 1$ 时，出现运算错误；当 $n=4$ 时，[D·] 的位数为 $2^4 = 16$。

图 9-10 为编码指令的应用示例。

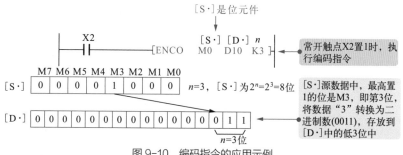

图 9-10 编码指令的应用示例

提示说明

编码指令中，当 [S·] 是位元件时，$1 \leq n \leq 8$；当 $n=0$ 时，程序不执行；当 $n > 8$ 或 $n < 1$ 时，出现运算错误；当 $n=8$ 时，[S·] 的位数为 $2^8=256$。

当 [S·] 是字元件时，$n \leq 4$。当 $n=0$ 时，程序不执行；当 $n > 4$ 或 $n < 1$ 时，出现运算错误；当 $n=4$ 时，[S·] 的位数为 $2^4=16$。

9.3.3　ON 位数指令

ON 位数指令 SUM（功能码为 FNC43）也称为置 1 总数统计指令，用于统计指定软元件中置 1 位的总数。

ON 位数指令的格式见表 9-9 所列。

表 9-9　ON 位数指令的格式

指令名称	助记符	功能码（处理位数）	源操作数 [S·]	目标操作数 [D·]	占用程序步数
ON 位数	SUM（连续执行型）SUMP（脉冲执行型）	FNC43（16/32）	K、H、KnX、KnY、KnM、KnS、T、C、D、V、Z	KnY、KnM、KnS、T、C、D、V、Z	SUM、SUMP…5 步 DSUM、DSUMP…9 步

图 9-11 为 ON 位数指令的应用示例。

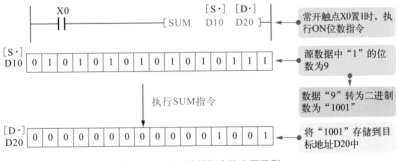

图 9-11　ON 位数指令的应用示例

提示说明

在执行 SUM 指令时，若源操作数 [S·] 中"1"的个数为 0，则零标志 M8020 置 1。

9.3.4　ON 位判断指令

ON 位判断指令 BON（功能码为 FNC44）用来检测指定软元件中指定的位是否为 1。

ON 位判断指令的格式见表 9-10 所列。

表 9-10　ON 位判断指令的格式

| 指令名称 | 助记符 | 功能码（处理位数） | 操作数范围 | | | 占用程序步数 |
			源操作数 [S·]	目标操作数 [D·]	n	
ON 位判断	BON（连续执行型）BONP（脉冲执行型）	FNC44（16/32）	K、H、KnX、KnY、KnM、KnS、T、C、D、V、Z	Y、M、S	16 位运算：$0 \le n \le 15$32 位运算：$0 \le n \le 31$	BON、BONP…7 步DBON、DBONP…13 步

图 9-12 为 ON 位判断指令的应用示例。

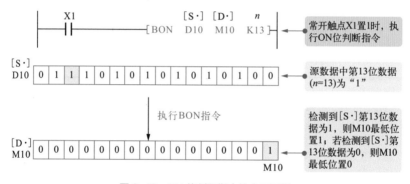

图 9-12　ON 位判断指令的应用示例

9.3.5　平均值指令

平均值指令 MEAN（功能码为 FNC45）用于将 n 个源数据的平均值送到指定的目标地址中。该指令中，平均值为 n 个源数据的代数和除以 n 得到的商，余数省略。

平均值指令的格式见表 9-11 所列。

表 9-11　平均值指令的格式

| 指令名称 | 助记符 | 功能码（处理位数） | 操作数范围 | | | 占用程序步数 |
			源操作数 [S·]	目标操作数 [D·]	n	
平均值	MEAN（连续执行型）MEANP（脉冲执行型）	FNC45（16/32）	KnX、KnY、KnM、KnS、T、C、D、V、Z	KnY、KnM、KnS、T、C、D、V、Z	K、H：$1 \le n \le 64$	MEAN、MEANP…7 步DMEAN、DMEANP…13 步

图9-13为平均值指令的应用示例。

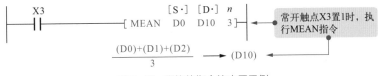

图9-13　平均值指令的应用示例

9.3.6　信号报警置位指令和复位指令

信号报警置位指令ANS（功能码为FNC46）和信号报警复位指令ANR（功能码为FNC47）用于指定报警器（状态继电器S）的置位和复位操作。

信号报警置位指令（ANS）和复位指令（ANR）的格式见表9-12所列。

表9-12　信号报警置位指令（ANS）和复位指令（ANR）的格式

指令名称	助记符	功能码（处理位数）	操作数范围			占用程序步数
			源操作数 [S·]	目标操作数 [D·]	m（单位100ms）	
信号报警置位	ANS ANSP	FNC46 (16)	T0～T199	S900～S999	K: $1 \leqslant m \leqslant 32767$	ANS、ANSP…7步
信号报警复位	ANR ANRP	FNC47 (16)	无			ANR、ANRP…1步

图9-14为信号报警置位指令（ANS）和复位指令（ANR）的应用示例。

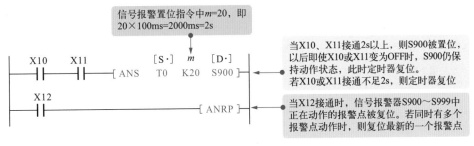

图9-14　信号报警置位指令（ANS）和复位指令（ANR）的应用示例

提示说明

三菱FX₂ₙ系列PLC中常见的数据处理指令还包括二进制数据开平方运算指令（SQR）、整数-浮点数转换指令（FLT）。

二进制数据开平方运算指令SQR（功能码为FNC48）用于将源数据进行开平方运算后送到指定的目标地址中。源操作数[S·]可取K、H、D，目标操作数[D·]可取D。

> 整数 – 浮点数转换指令 FLT（功能码为 FNC49）用于将二进制整数转换为二进制浮点数。源操作数 [S·] 和目标操作数 [D·] 均为 D。

9.4　三菱 PLC（FX$_{2N}$ 系列）的触点比较指令

触点比较指令由触点符号（LD、AND、OR）与关系运算符号组合而成，通过对两个数值的关系运算来实现触点的接通与断开。

触点比较指令共有 18 个，其指令的格式见表 9-13 所列。

表 9-13　触点比较指令的格式

指令名称	助记符		功能码	操作数	导通条件
	16 位（占用程序 5 步）	32 位（占用程序 9 步）			
触点比较指令运算开始	LD=	LDD=	FNC224（16/32）	[S1·]、[S2·]	[S1·]=[S2·]
触点比较指令运算开始	LD >	LDD >	FNC225（16/32）		[S1·] > [S2·]
触点比较指令运算开始	LD <	LDD <	FNC226（16/32）		[S1·] < [S2·]
触点比较指令运算开始	LD < >	LDD < >	FNC228（16/32）		[S1·] ≠ [S2·]
触点比较指令运算开始	LD ≤	LDD ≤	FNC229（16/32）		[S1·] ≤ [S2·]
触点比较指令运算开始	LD ≥	LDD ≥	FNC230（16/32）		[S1·] ≥ [S2·]
触点比较指令串联连接	AND=	ANDD=	FNC232（16/32）		[S1·]=[S2·]
触点比较指令串联连接	AND >	ANDD >	FNC233（16/32）		[S1·] > [S2·]
触点比较指令串联连接	AND <	ANDD <	FNC234（16/32）	K、H、KnX、KnY、KnM、KnS、T、C、D、V、Z	[S1·] < [S2·]
触点比较指令串联连接	AND < >	ANDD < >	FNC236（16/32）		[S1·] ≠ [S2·]
触点比较指令串联连接	AND ≤	ANDD ≤	FNC237（16/32）		[S1·] ≤ [S2·]
触点比较指令串联连接	AND ≥	ANDD ≥	FNC238（16/32）		[S1·] ≥ [S2·]
触点比较指令并联连接	OR=	ORD=	FNC240（16/32）		[S1·]=[S2·]
触点比较指令并联连接	OR >	ORD >	FNC241（16/32）		[S1·] > [S2·]
触点比较指令并联连接	OR <	ORD <	FNC242（16/32）		[S1·] < [S2·]
触点比较指令并联连接	OR < >	ORD < >	FNC244（16/32）		[S1·] ≠ [S2·]
触点比较指令并联连接	OR ≤	ORD ≤	FNC245（16/32）		[S1·] ≤ [S2·]
触点比较指令并联连接	OR ≥	ORD ≥	FNC246（16/32）		[S1·] ≥ [S2·]

图 9-15 ～图 9-17 为触点比较指令的应用示例。

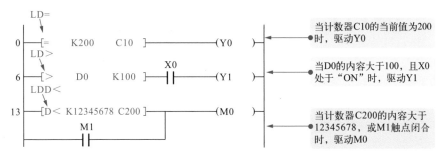

图 9-15　触点比较指令的应用示例（一）

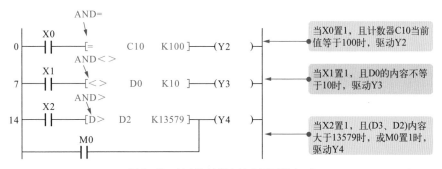

图 9-16　触点比较指令的应用示例（二）

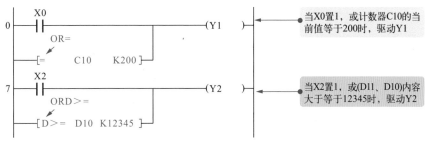

图 9-17　触点比较指令的应用示例（三）

提示
说明

　　触点比较指令中，当源数据的最高位（32 位指令的最高位 b31，16 位指令的最高位 b15）为 1 时，将该数值作为负数进行比较。

　　32 位计数器（C200 ～ C255）的触点比较，必须用 32 位指令。

提示
说明

　　三菱 FX₂N 系列 PLC 的程序指令还有高速处理指令（包括输入输出刷新指令 REF、滤波调整指令 REFF、矩阵输入指令 MTR、比较置位指令 HSCS、比较复位指令 HSCR、区间比较指令 HSZ、脉冲密度指令 SPD、脉冲输出指令 PLSY、脉宽调制指令 PWM、可调速脉冲输出指令 PLSR）、外部 I/O 设备指令、外围设备指令、时钟运算指令等。

9.5 三菱 PLC（FX$_{2N}$ 系列）的循环和移位指令

三菱 FX$_{2N}$ 系列 PLC 的循环和移位指令主要包括循环移位指令、位移位、字移位和先入先出写入和读出指令。其中，根据移位方向不同，循环移位指令、位移位、字移位又可细分为左移指令和右移指令；循环移位指令还可分为带进位的循环移位指令和不带进位的循环移位指令。

9.5.1 循环移位指令

根据移位方向不同，循环移位指令可以分为右循环移位指令 ROR（功能码为 FNC30）和左循环移位指令 ROL（功能码为 FNC31），其功能是将一个字或双字的数据向右或向左环形移 n 位。

循环移位指令的格式见表 9-14 所列。

表 9-14 循环移位指令的格式

指令名称	助记符	功能码（处理位数）	目标操作数 [D·]	n	占用程序步数
右循环移位	ROR RORP	FNC30 (16/32)	KnY、KnM、KnS、T、C、D、V、Z	K、H 移位位数：$n \leq 16$（16 位指令）$n \leq 32$（32 位指令）	ROR、RORP…5 步 DROR、DRORP…9 步
左循环移位	ROL ROLP	FNC31 (16/32)			ROL、ROLP…5 步 DROL、DROLP…9 步

图 9-18 为循环移位指令的应用示例。

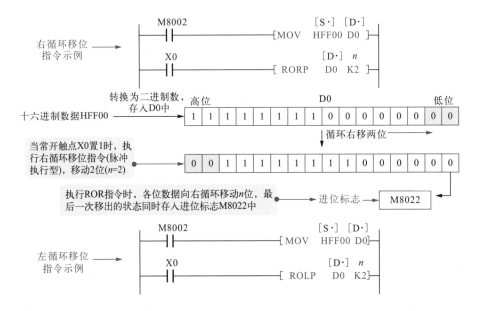

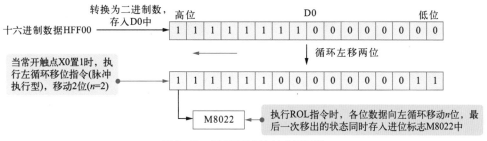

图 9-18 循环移位指令的应用示例

9.5.2 带进位的循环移位指令

带进位的循环移位指令也根据移位方向分为带进位的右循环移位指令 RCR（功能码为 FNC32）和带进位的左循环移位指令 RCL（功能码为 FNC33），该类指令的主要功能是将目标地址中的各位数据连同进位标志（M8022）向右或向左循环移动 n 位。

带进位的循环移位指令的格式见表 9-15 所列。

表 9-15　带进位的循环移位指令的格式

指令名称	助记符	功能码（处理位数）	目标操作数 [D·]	n	占用程序步数
带进位的右循环移位	RCR RCRP	FNC32 (16/32)	KnY、KnM、KnS、T、C、D、V、Z	K、H 移位位数：$n \leqslant 16$（16 位指令）$n \leqslant 32$（32 位指令）	RCR、RCRP…5 步 DRCR、DRCRP…9 步
带进位的左循环移位	RCL RCLP	FNC33 (16/32)			RCL、RCLP…5 步 DRCL、DRCLP…9 步

图 9-19 为带进位的循环移位指令的应用示例。

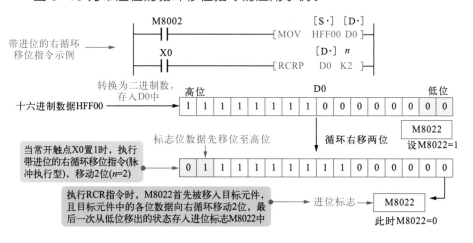

图 9-19

141

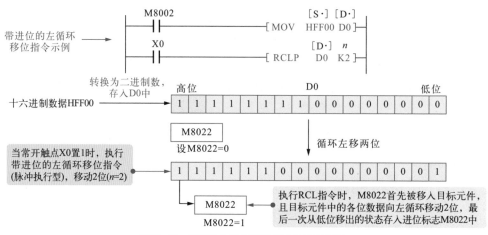

图 9-19　带进位的循环移位指令的应用示例

9.5.3　位移位指令

位移位指令包括位右移指令 SFTR（功能码为 FNC34）和位左移指令 SFTL（功能码为 FNC35），该类指令的功能是将目标位元件中的状态（0 或 1）成组地向右（或向左）移动。

位移位指令的格式见表 9-16 所列。

表 9-16　位移位指令的格式

指令名称	助记符	功能码（处理位数）	操作数范围				占用程序步数
			源操作数 [S·]	目标操作数 [D·]	$n1$	$n2$	
位右移	SFTR SFTRP	FNC34 (16)	X、Y、M、S	Y、M、S	K、H: $n2 \leqslant n1 \leqslant 1024$		SFTR、SFTRP…9 步
位左移	SFTL SFTLP	FNC35 (16)					SFTL、SFTLP…9 步

注：$n1$ 为指定位元件的长度，$n2$ 为指定移位位数。

图 9-20 为位移位指令的应用示例。

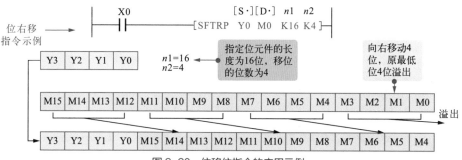

图 9-20　位移位指令的应用示例

9.5.4 字移位指令

字移位指令包括字右移指令 WSFR（功能码为 FNC36）和字左移指令 WSFL（功能码为 FNC37），该类指令的功能是指以字为单位，将 $n1$ 个字右移或左移 $n2$ 个字。

字移位指令的格式见表 9-17 所列。

表 9-17 字移位指令的格式

指令名称	助记符	功能码（处理位数）	操作数范围				占用程序步数
			源操作数 [S·]	目标操作数 [D·]	$n1$	$n2$	
字右移	WSFR WSFRP	FNC36 (16)	KnX、KnY、KnM、KnS、T、C、D	KnY、KnM、KnS、T、C、D	K、H：$n2 \leq n1 \leq 512$		WSFR、WSFRP…9 步
字左移	WSFL WSFLP	FNC37 (16)					WSFL、WSFLP…9 步

注：$n1$ 为指定字元件的长度，$n2$ 为指定移字的位数。

图 9-21 为字移位指令的应用示例。

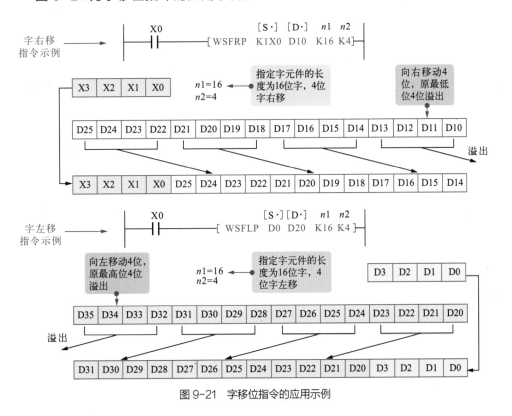

图 9-21 字移位指令的应用示例

9.5.5　先入先出写入和读出指令

　　先入先出写入指令 SFWR（功能码为 FNC38）和先入先出读出指令 SFRD（功能码为 FNC39）分别为控制先入先出的数据写入和读出指令。

　　先入先出写入和读出指令的格式见表 9-18 所列。

表 9-18　先入先出写入和读出指令的格式

指令名称	助记符	功能码（处理位数）	操作数范围			占用程序步数
			源操作数 [S·]	目标操作数 [D·]	n	
先入先出写入	SFWR SFWRP	FNC38 (16)	K、H、KnX、KnY、KnM、KnS、T、C、D、V、Z	KnY、KnM、KnS、T、C、D	K、H: $2 \leqslant n \leqslant 512$	SFWR、SFWRP…7步
先入先出读出	SFRD SFRDP	FNC39 (16)	KnX、KnY、KnM、KnS、T、C、D	KnY、KnM、KnS、T、C、D、V、Z		SFRD、SFRDP…7步

第 **10** 章

三菱 PLC（FX$_{2N}$ 系列）的算术、逻辑运算和浮点数运算指令

10.1 三菱 PLC（FX$_{2N}$ 系列）的算术指令

三菱 PLC 的算术和逻辑运算指令是 PLC 基本的运算指令，用于完成加减乘除四则运算和逻辑与或运算，实现 PLC 数据的算术及逻辑运算等控制功能。

三菱 FX$_{2N}$ 系列 PLC 的算术运算指令包括加法指令（ADD）、减法指令（SUB）、乘法指令（MUL）、除法指令（DIV）和加 1、减 1 指令（INC、DEC）。

10.1.1 加法指令

加法指令 ADD（功能码为 FNC20）用于将源操作元件中的二进制数相加，把结果送到指定的目标地址中。

加法指令的格式见表 10-1 所列。

表 10-1 加法指令的格式

指令名称	助记符	功能码（处理位数）	源操作数 [S1·]、[S2·]	目标操作数 [D·]	占用程序步数
加法	ADD（连续执行型）	FNC20 (16/32)	K、H、KnX、KnY、KnM、KnS、T、C、D、V、Z	KnY、KnM、KnS、T、C、D、V、Z	ADD、ADDP…7 步 DADD、DADDP…13 步
	ADDP（脉冲执行型）				

图 10-1 为加法指令的应用示例。

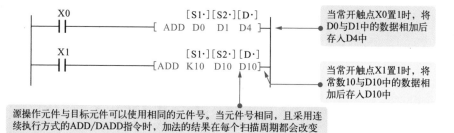

图 10-1 加法指令的应用示例

10.1.2 减法指令

减法指令 SUB（功能码为 FNC21）用于将第 1 个源操作数指定的内容和第 2 个源操作数指定的内容相减（二进制数的形式），把结果送到指定的目标地址中。

减法指令的格式见表 10-2 所列。

表 10-2 减法指令的格式

指令名称	助记符	功能码（处理位数）	源操作数 [S1·]、[S2·]	目标操作数 [D·]	占用程序步数
减法	SUB（连续执行型）	FNC21 (16/32)	K、H、KnX、KnY、KnM、KnS、T、C、D、V、Z	KnY、KnM、KnS、T、C、D、V、Z	SUB、SUBP…7 步 DSUB、DSUBP…13 步
	SUBP（脉冲执行型）				

图 10-2 为减法指令的应用示例。

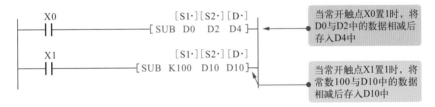

图 10-2 减法指令的应用示例

> **提示说明**
>
> 　　加法指令 ADD 和减法指令 SUB 会影响到 PLC 中的 3 个特殊辅助继电器（标志位）：零标志 M8020、借位标志 M8021 和进位标志 M8022。
>
> 　　若运算结果为 0，则 M8020=1；
>
> 　　若运算结果小于 −32767（16 位运算）或 −2147483647（32 位运算），则 M8021=1；
>
> 　　若运算结果大于 32767（16 位运算）或 2147483647（32 位运算），则 M8022=1。
>
> 　　另外，需要注意的是，运算数据的结果为二进制数，最高位为符号位，0 代表正数，1 代表负数。

10.1.3　乘法指令

乘法指令 MUL（功能码为 FNC22）用于将指定源操作数的内容相乘（二进制数的形式），把结果送到指定的目标地址中，数据均为有符号数。

乘法指令的格式见表 10-3 所列。

表 10-3　乘法指令的格式

指令名称	助记符	功能码（处理位数）	源操作数 [S1·]、[S2·]	目标操作数 [D·]	占用程序步数
乘法	MUL（连续执行型）	FNC22 (16/32)	K、H、KnX、KnY、KnM、KnS、T、C、D、V、Z（V、Z只能在16位运算中作为目标元件指定，不可用于32位计算中）	KnY、KnM、KnS、T、C、D、V、Z	MUL、MULP…7步
	MULP（脉冲执行型）				DMUL、DMULP…13步

图 10-3 为乘法指令的应用示例。

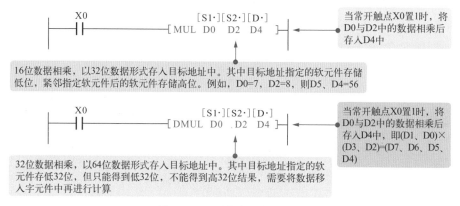

图 10-3　乘法指令的应用示例

10.1.4　除法指令

除法指令 DIV（功能码为 FNC23）用于把第 1 个源操作数作为被除数，第 2 个源操作数作为除数，将商送到指定的目标地址中。

除法指令的格式见表 10-4 所列。

表 10-4　除法指令的格式

指令名称	助记符	功能码（处理位数）	源操作数 [S1·]、[S2·]	目标操作数 [D·]	占用程序步数
除法	DIV（连续执行型）	FNC23 (16/32)	K、H、KnX、KnY、KnM、KnS、T、C、D、V、Z（V、Z只能在16位运算中作为目标元件指定，不可用于32位计算中）	KnY、KnM、KnS、T、C、D、V、Z	DIV、DIVP…7步
	DIVP（脉冲执行型）				DDIV、DDIVP…13步

图 10-4 为除法指令的应用示例。

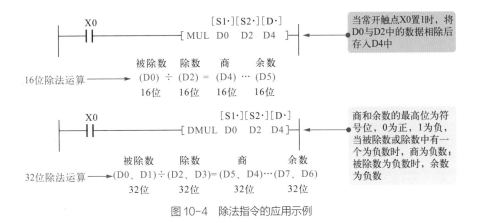

图 10-4　除法指令的应用示例

10.1.5　加 1、减 1 指令

加 1 指令 INC（功能码为 FNC24）和减 1 指令 DEC（功能码为 FNC25）的主要功能是当满足一定条件时，将指定软元件中的数据加 1 或减 1。

加 1、减 1 指令的格式见表 10-5 所列。

表 10-5　加 1、减 1 指令的格式

指令名称	助记符	功能码（处理位数）	目标操作数 [D·]	占用程序步数
加 1	INC（连续执行型） INCP（脉冲执行型）	FNC24 （16/32）	KnY、KnM、KnS、 T、C、D、V、Z	INC、INCP…3 步 DINC、DINCP…5 步
减 1	DEC（连续执行型） DECP（脉冲执行型）	FNC25 （16/32）		DEC、DECP…3 步 DDEC、DDECP…5 步

图 10-5 为加 1、减 1 指令的应用示例。

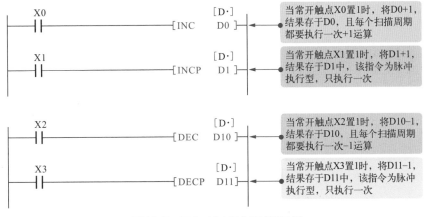

图 10-5　加 1、减 1 指令的应用示例

提示说明	在 16 位运算时，当 32767 加 1 时，变为 -32768，标志位不动作；32 位运算时，当 2147483647 加 1 时，变为 -2147483648，标志位不动作。 在 16 位运算时，当 -32768 减 1 时，变为 32767，标志位不动作；32 位运算时，当 -2147483648 减 1 时，变为 2147483647，标志位不动作。

10.2 三菱 PLC（FX$_{2N}$ 系列）的逻辑运算指令

10.2.1 逻辑与、字逻辑或、字逻辑异或指令

逻辑与指令（WAND）、字逻辑或指令（WOR）、字逻辑异或指令（WXOR）是三菱 PLC 中的基本逻辑运算指令。

逻辑与指令 WAND（功能码为 FNC26）用于将两个源操作数按位进行与运算操作，把结果送到目标地址中。

字逻辑或指令 WOR（功能码为 FNC27）用于将两个源操作数按位进行或运算操作，把结果送到目标地址中。

字逻辑异或指令 WXOR（功能码为 FNC28）用于将两个源操作数按位进行异或运算操作，把结果送到目标地址中。

逻辑与（WAND）、字逻辑或（WOR）、字逻辑异或（WXOR）指令的格式见表 10-6 所列。

表 10-6 逻辑与（WAND）、字逻辑或（WOR）、字逻辑异或（WXOR）指令的格式

指令名称	助记符	功能码（处理位数）	源操作数 [S1·]、[S2·]	目标操作数 [D·]	占用程序步数
逻辑与	WAND	FNC26 (16/32)	K、H、KnX、KnY、KnM、KnS、T、C、D、V、Z（V、Z 只能在 16 位运算中作为目标元件指定，不可用于 32 位计算中）	KnY、KnM、KnS、T、C、D、V、Z	WAND、WANDP…7 步 DWAND、DWANDP…13 步
字逻辑或	WOR	FNC27 (16/32)			WOR、WORP…7 步 DWOR、DWORP…13 步
字逻辑异或	WXOR	FNC28 (16/32)			WXOR、WXORP…7 步 DXWOR、DWXORP…13 步

图 10-6 为逻辑与（WAND）、字逻辑或（WOR）、字逻辑异或（WXOR）指令的应用示例。

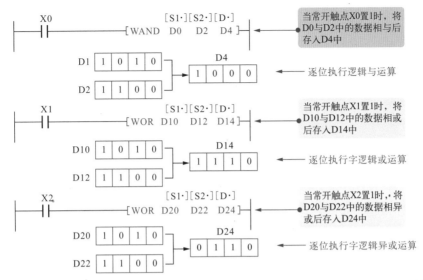

图 10-6　逻辑与（WAND）、字逻辑或（WOR）、字逻辑异或（WXOR）指令的应用示例

10.2.2　求补指令

求补指令 NEG（功能码为 FNC29）用于将目标地址中指定的数据每一位取反后再加 1，并将结果存储在原单元中。

求补指令的格式见表 10-7 所列。

表 10-7　求补指令的格式

指令名称	助记符	功能码（处理位数）	目标操作数 [D·]	占用程序步数
求补	NEG（连续执行型） NEGP（脉冲执行型）	FNC29 （16/32）	KnY、KnM、KnS、 T、C、D、V、Z	NEG、NEGP…3 步 DNEG、DNEGP…5 步

图 10-7 为求补指令的应用示例。

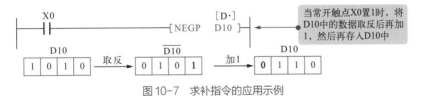

图 10-7　求补指令的应用示例

10.3　三菱 PLC 的浮点数运算指令

浮点数（实数）运算指令包括浮点数的比较指令、转换指令、四则运算指令和三角函数指令等，这个指令的应用与整数的运算指令相似，可参考整数运算指令详细了解。

10.3.1　二进制浮点数比较指令

二进制浮点数比较指令 ECMP（功能码为 FNC110）用于比较两个二进制的浮点数，将比较结果送入目标地址中。

二进制浮点数比较指令的格式见表 10-8 所列。

表 10-8　二进制浮点数比较指令的格式

指令名称	助记符	功能码（处理位数）	操作数范围			占用程序步数
			源操作数 [S1·]	源操作数 [S2·]	目标操作数 [D·]	
二进制浮点数比较	DECMP DECMPP	FNC110（仅有 32 位）	K、H、D		Y、M、S	DECMP、DECMPP …13 步

图 10-8 为二进制浮点数比较指令的应用示例。

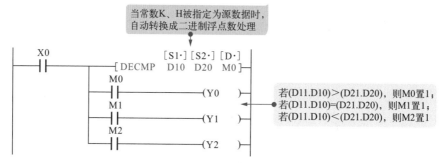

图 10-8　二进制浮点数比较指令的应用示例

10.3.2　二进制浮点数区域比较指令

二进制浮点数区域比较指令 EZCP（功能码为 FNC111）用于将 32 位源操作数 [S·] 与下限 [S1·] 和上限 [S2·] 进行范围比较，对应输出 3 个位元件的 ON/OFF 状态到目标地址中。

二进制浮点数区域比较指令的格式见表 10-9 所列。

表 10-9　二进制浮点数区域比较指令的格式

指令名称	助记符	功能码（处理位数）	操作数范围		占用程序步数
			源操作数 [S1·]、[S2·]、[S]	目标操作数 [D·]	
二进制浮点数区域比较	DEZCP DEZCP P	FNC111（仅有 32 位）	K、H、D（[S1·] < [S2·]）	Y、M、S	DEZCP、DEZCP …17 步

图 10-9 为二进制浮点数区域比较指令的应用示例。

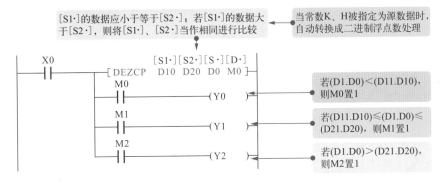

图 10-9　二进制浮点数区域比较指令的应用示例

10.3.3　浮点数转换指令

浮点数转换指令包括二进制浮点数转十进制浮点数指令（DEBCD）、十进制浮点数转二进制浮点数指令（DEBIN），两种指令均为 32 位指令，源操作数 [S·] 和目标地址 [D·] 均取值 D，占用程序步数为 9 步。

10.3.4　二进制浮点数四则运算指令

二进制浮点数四则运算指令包括二进制浮点数加法指令 EADD（FNC120）、二进制浮点数减法指令 ESUB（FNC121）、二进制浮点数乘法指令 EMUL（FNC122）和二进制浮点数除法指令 EDIV（FNC123）等 4 条指令。

二进制浮点数四则运算指令用于将两个源操作数进行四则运算（加、减、乘、除）后存入指定目标地址中。

二进制浮点数四则运算指令的格式见表 10-10 所列。

表 10-10　二进制浮点数四则运算指令的格式

指令名称	助记符	功能码（处理位数）	操作数范围		占用程序步数
			源操作数 [S1·]、[S2·]	目标操作数 [D·]	
二进制浮点数加法	DEADD DEADDP	FNC120 （仅有 32 位）	K、H、D	D	13 步
二进制浮点数减法	DESUB DESUBP	FNC121 （仅有 32 位）			
二进制浮点数乘法	DEMUL DEMULP	FNC122 （仅有 32 位）			
二进制浮点数除法	DEDIV DEDIVP	FNC123 （仅有 32 位）			

第 **11** 章

三菱 PLC（FX$_{2N}$ 系列）的
程序流程、步进顺控梯形图
指令

11.1　三菱 PLC 的程序流程指令

三菱 FX2N 系列 PLC 的程序流程指令是指控制程序流向的一类功能指令。主要包括条件跳转指令、子程序调用指令、子程序返回指令、主程序结束指令和循环指令。

三菱 PLC 的条件跳转指令

11.1.1　条件跳转指令

条件跳转指令 CJ 在有条件前提下，跳过顺序程序中的一部分，直接跳转到指令的标号处，用以控制程序的流向，可有效缩短程序扫描时间。

表 11-1 为条件跳转指令的格式。

表 11-1　条件跳转指令的格式

指令名称	助记符	功能码（处理位数）	操作数范围 [D·]	占用程序步数
条件跳转	CJ（16 位指令，连续执行型） CJP（脉冲执行性）	FNC00	P0 ~ P127	CJ 和 CJP：3 步 标号 P：1 步

图 11-1 为条件跳转指令的应用示例。

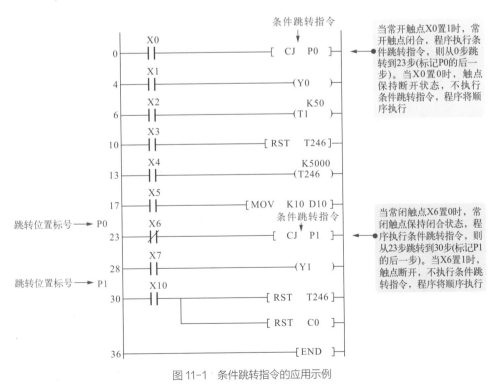

图 11-1　条件跳转指令的应用示例

提示
说明

在三菱 PLC 的编程指令中，程序流程指令及传送与比较指令、四则逻辑运算指令、循环与移位指令、浮点数运算指令、接点比较指令都称为三菱 PLC 的功能指令。以三菱 FX 系列 PLC 的功能指令为例。功能指令由计算机通用的助记符来表示，且都有其对应的功能码。例如，数据传送指令的助记符为 MOV，该指令的功能码是 FNC12。当采用手持式编程器编程时，需要输入功能码；若采用计算机编程软件编程，则输入助记符即可。

功能类指令有通用的表达形式，如图 11-2 所示。

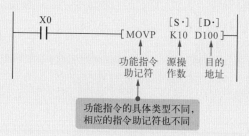

图 11-2　三菱 PLC 功能指令通用的表达形式

功能指令一般都带有操作数，操作数可以取 K、H、KnX、KnY、KnM、KnS（位元件的组合）、T、C、D、V、Z。常数 K 表示十进制常数，常数 H 表示十六进制常数。

功能指令有连续执行和脉冲执行两种执行方式。采用脉冲执行方式的功能指令，在指令助记符后要加字母"P"，表示该指令仅在执行条件接通时执行一次。采用连续执行方式的功能指令不需要加字母"P"，表示该指令在执行条件接通的每一个扫描周期都要被执行。

功能指令的数据长度。功能指令可以处理 PLC 内部的 16 位数据和 32 位数据。当处理 16 位数据时，不加字母；当处理 32 位数据时，在指令助记符前面加字母"D"。

图 11-3 为功能指令的应用示例。

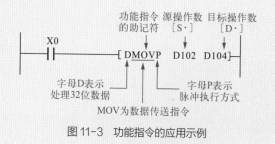

图 11-3　功能指令的应用示例

> **提示说明**
>
> 　　在功能指令的操作数中，KnX（输入位组件）、KnY（输出位组件）、KnM（辅助位组件）、KnS（状态位组件）表示位元件的组合，即多个元件按一定规律组合，称为位元件的组合。如 KnY0，其中，K 表示十进制，n 表示组数，取值为 1～8，每组有 4 个位元件，见表 11-2 所列。

表 11-2　位元件的组合的特点

位元件组合中 n 的取值范围		例 KnX0	包含的位元件	位元件个数
1～8	1～4（适用于 32 位指令）	K1X0	X3～X0	4
		K2X0	X7～X0	8
		K3X0	X13～X10、X7～X0	12
		K4X0	X17～X10、X7～X0	16
	5～8（只可用于 32 位指令）	K5X0	X23～X20、X17～X10、X7～X0	20
		K6X0	X27～X20、X17～X10、X7～X0	24
		K7X0	X33～X30、X27～X20、X17～X10、X7～X0	28
		K8X0	X37～X30、X27～X20、X17～X10、X7～X0	32

　　例如：K1Y0，表示 Y3、Y2、Y1、Y0 的 4 位数据，其中 Y0 为最低位。

　　K2M10，表示 M17、M16、M15、M14、M13、M12、M11、M10 的 8 位数据，其中 M10 为最低位。

　　K4X30，表示 X47、X46、X45、X44、X43、X42、X41、X40、X37、X36、X35、X34、X33、X32、X31、X30 的 16 位数据，其中 X30 为最低位。

11.1.2　子程序调用和子程序返回指令

　　子程序是指可实现特定控制功能的相对独立的程序段。可在主程序中通过调用指令直接调用子程序，有效简化程序和提高编程效率。

　　子程序调用指令 CALL（功能码为 FNC01）可执行指定标号位置 P 的子程序，操作数为 P 指针 P0～P127。子程序返回指令 SRET（功能码为 FNC02）用于返回原 CALL 下一条指令位置，无操作数。

　　子程序调用（CALL）和子程序返回指令（SRET）的格式见表 11-3 所列。

表 11-3 子程序调用（CALL）和子程序返回指令（SRET）的格式

指令名称	助记符	功能码（处理位数）	操作数范围 [D·]	占用程序步数
子程序调用	CALL（连续执行型） CALLP（脉冲执行型）	FNC01 (16)	P0 ~ P127，可嵌套 5 层	CALL 和 CALLP：3 步 标号 P：1 步
子程序返回	SRET	FNC02	无	1 步

图 11-4 为子程序调用和子程序返回指令的应用示例。

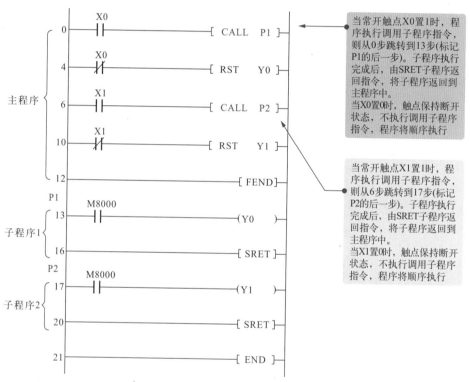

图 11-4 子程序调用和子程序返回指令的应用示例

提示说明

主程序结束指令 FEND（功能码为 FNC06）表示主程序结束子程序开始，无操作数。子程序和中断服务程序应写在 FEND 与 END 指令之间。

11.1.3 循环范围开始和循环范围结束指令

循环指令包括循环范围开始指令 FOR（功能码为 FNC08）和循环范围结束指令 NEXT（功能码为 FNC09）。FOR 指令和 NEXT 指令必须成对使用，且 FOR 与 NEXT 指令之间的程序被循环执行，循环的次数由 FOR 指令的操作数决定。循环指令完成后，执行 NEXT 指令后面的程序。

循环范围开始指令（FOR）和循环范围结束指令（NEXT）的格式见表 11-4 所列。

表 11-4 循环范围开始指令（FOR）和循环范围结束指令（NEXT）的格式

指令名称	助记符	功能码（处理位数）	源操作数 [S·]	占用程序步数
循环范围开始	FOR	FNC08	K、H、KnX、KnY、KnM、KnS、T、C、D、V、Z	3步
循环范围结束	NEXT	FNC09	无	1步

提示说明

循环范围开始指令（FOR）和循环范围结束指令（NEXT）可循环嵌套 5 层。指令的循环次数 N=1 ~ 32767。循环指令可利用 CJ 指令在循环没有结束时跳出循环。FOR 指令应用在 NEXT 指令之前，且 NEXT 指令应用在 FEND 和 END 指令之前，否则会发生错误。

图 11-5 为循环范围开始（FOR）和循环范围结束指令（NEXT）的应用示例。

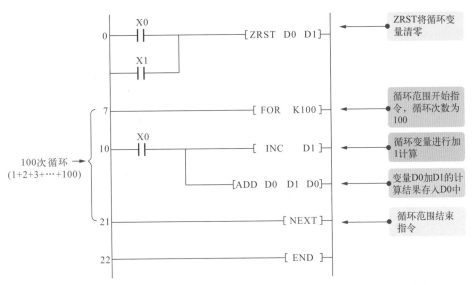

图 11-5 循环范围开始指令（FOR）和循环范围结束指令（NEXT）的应用示例

11.2 顺序功能图（步进顺控梯形图指令）

顺序功能图（SFC）是一种用来表达顺序控制过程的程序，特别是对于一个复杂的顺序控制系统编程而言，由于其内部的联锁关系极其复杂，直接用梯形图编写程序可能达数百行，可读性较差，这种情况下采用顺序功能图为顺序控制类程序的编制提供了很大方便。

11.2.1 顺序功能图的基本构成

顺序控制功能图，简称功能图，又叫状态功能图、状态流程图或状态

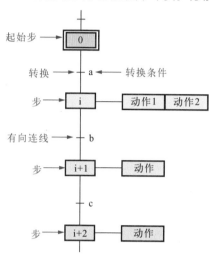

图 11-6 顺序功能图的一般形式

转移图。它是专用于工业顺序控制程序设计的一种功能说明性语言，能完整地描述控制系统的工作过程、功能和特性，是分析、设计电气控制系统控制程序的重要工具。

顺序功能图主要由步、有向连线、转换、转换条件和动作组成。

图 11-6 为顺序功能图的一般形式。

（1）步

步是根据系统输出量的变化，将系统的一个工作循环过程分解成若干个顺序相连的阶段，步对应于系统的一个稳定的状态，并不是 PLC 的输出触点动作。

步用矩形框表示，框中的数字或符号是该步的编号，通常将控制系统的初始状态称为起始步，是系统运行的起点，用双线框表示。

图 11-7 为步的表示方法。

通常，我们将正在执行的步称为活动步，其他为不活动步，一个控制系统至少有一个起始步。

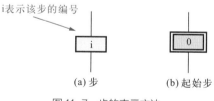

(a) 步   (b) 起始步

图 11-7 步的表示方法

（2）有向连线

带箭头的有向连线用来表示功能图中步和步之间执行的顺序关系。

图 11-8 为 PLC 顺序功能图中的有向连线。

 提示说明　由于通常功能图中的步是按运行时工作的顺序排列的，其活动状态习惯的进展方向是从上到下从左到右，通常这两个方向上的有向连线的箭头可以省略，其他方向不可省略。

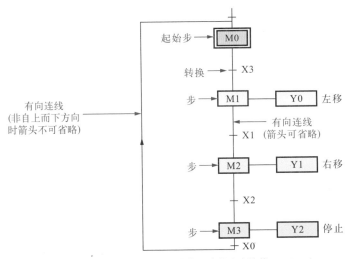

图 11-8　PLC 顺序功能图中的有向连线

（3）转换和转换条件

转换一般用有向连线上的短划线表示，用于分隔两个相邻的步，实现步活动状态的转化。

转换条件是与转换相关的逻辑命题，可以用文字、布尔表达式、图形符号等标注在表示转换的短线旁边。

图 11-9 为 PLC 顺序功能图中的转换和转换条件。

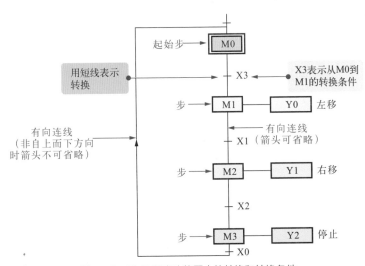

图 11-9　PLC 顺序功能图中的转换和转换条件

步与步之间不允许直接相连，需用转换隔开；转换与转换之间也不允许直接相连，需用步隔开。

（4）动作

动作是指当某步处于活动步时，PLC 向被控系统发出的命令，或被控系统应执行的动作。一个步表示控制过程中的稳定状态，它可以对应一个或多个动作。

步通常用带有文字说明或符号的矩形框表示，矩形框通过横线与相对应的步进行连接。

图 11-10 为 PLC 顺序功能图中的动作。

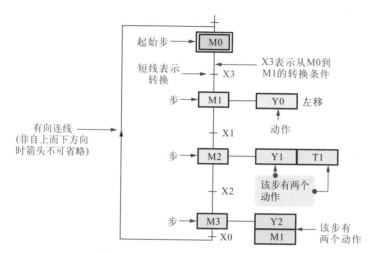

图 11-10　PLC 顺序功能图中的动作

> **提示说明**
>
> 一个步可对应多个动作，一步中的动作是同时进行的，动作之间没有顺序关系。在 PLC 中动作可分为保持型和不保持型两种，保持型是指其对应步为活动步时执行动作，当步为不活动步时，动作仍保持执行；不保持型是指其对应步为活动步时执行动作，当步为不活动步时，动作停止执行。

11.2.2　顺序功能图的结构类型

顺序功能图按照步与步之间转换的不同情况，可分为三种结构类型：单序列结构、选择序列结构和并列序列结构。

（1）单序列结构

顺序功能图的单序列结构由若干顺序激活的步组成，每步后面有一个转换，每个转换后也仅有一个步。

图 11-11 为顺序功能图的单序列结构形式。

顺序功能图的单序列结构即为一步步顺序执行的结构，一个步执行完接着执行下一步，无分支。

（2）选择序列结构

顺序功能图的选择序列结构是指当一个步执行完后，其下面有两个或两个以上的分支步骤供选择，每次只能选择其中一个步执行。在选择序列结构中，多个分支序列分支开始和结束处用水平连线将各分支连起来。

图 11-12 为顺序功能图的选择序列结构形式。

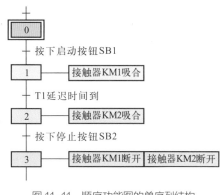

图 11-11　顺序功能图的单序列结构

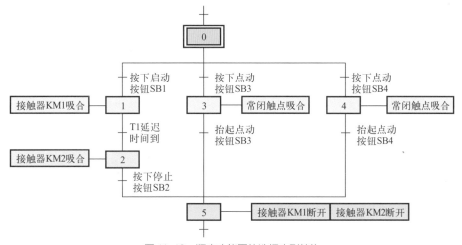

图 11-12　顺序功能图的选择序列结构

在选择序列的开始，称为分支，转换符号（短横线）只能标注在水平连线之下；选择序列的结束称合并，合并处的转换符号只能标注在水平线之上，每个分支结束处都有自己的转换条件。

选择分支处，程序将转到满足转换条件的分支执行，一般只允许选择一个分支，两个分支条件同时满足时，优先选择左侧分支。

（3）并列序列结构

一个步执行后，当其转换条件实现时，其后面的几个步同时激活执行，这些步称为并列序列。也就是说，当转换条件满足时，并列分支中的所有分支序列将同时激活，用于表示系统中的同时工作的独立部分。

图 11-13 为顺序功能图的并列序列结构形式。

并列序列中为强调转换的同步实现，并列分支用双水平线表示。在并列分支的入口处只有一个转换，转换符号必须画在双水平线的上面，当转换条件满足时，双线下面连接的所有步变为活动步。

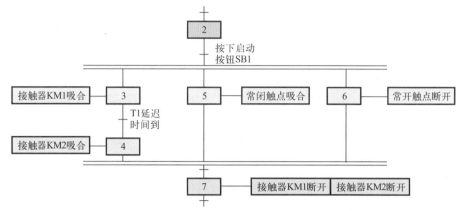

图 11-13　顺序功能图的并列序列结构

　　并列序列的结束称为合并，合并处也仅有一个转换条件，必须画在双线的下面，当连接在双线上面的所有前级步都为活动步且转换条件满足时，才转移到双线下面的步。

11.2.3　顺序功能图中转换实现的基本条件

　　在顺序功能图中，步的活动状态是由转换的实现来完成的。转换实现必须同时满足两个条件：

- 该转换所有的前级步都是活动步；
- 该步相应的转换条件得到满足。

　　转换实现后，使所有由有向连线与相应转换条件相连的后续步都变为活动步；使所有由有向连线与相应转换条件相连的前级步都变为不活动步。

11.2.4　顺序功能图的识读方法

　　对顺序功能图的识读，也就是将顺序功能图转换为梯形图并识读出该程序的具体控制过程。通常我们将根据顺序功能图转换为梯形图的过程称为顺序功能图的编程方法。下面我们仍以三菱系列 PLC 中常采用的编程方法进行讲解。

　　目前，将顺序功能图转换为梯形图的编程方法有三种：使用启停保电路的编程方法、使用 STL 指令的编程方法和以转换为中心的编程方法。

　　顺序功能图转换为梯形图时，一般用辅助继电器 M 代表步。

（1）使用启停保电路的编程方法

　　启停保电路编程是指某步变为活动步的条件为前级步为活动步并且转换条件

得到满足。因此：某步的启动条件 = 前级步的状态 + 转换条件。

也就是说，将顺序功能图转换为梯形图时，某步的启动回路应为前级步的常开触点和转换条件的常开触点串联，并与自身常开触点并联实现自保持。

当某步的下一步变为活动步时，该步就由活动步变为不活动步，因此可以用后续步的常闭触点作为该步的停止条件。

图 11-14 为使用启停保电路的编程方法。

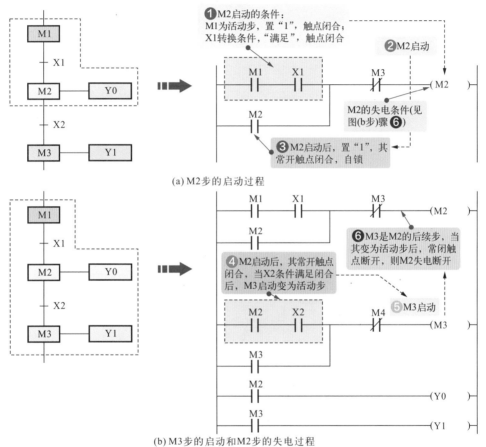

图 11-14　使用启停保电路的编程方法（一）

图 11-14（a）中，当 M1 为活动步，又能够满足转换条件 X1 时，则 M1 的常开触点闭合，X1 转换条件常开触点闭合（步骤①），M2 启动（步骤②）。

M2 启动后其常开触点闭合，形成自锁（步骤③）。

图 11-14（b）中，经过上一步，M2 变为活动步，满足了其后续步 M3 启动的条件之一，此时若又能满足转换条件 X2（步骤④），则可使 M3 步启动（步骤⑤）。

M3 步启动后，其常开触点闭合形成自锁，常闭触点断开，切断 M2 步，使其失电，继而 M2 转为非活动步（步骤⑥）。而此时由于 M3 步本身形成自锁，即使该启动回路中 M2 转换为了非活动步，M3 仍能够保持启动。

提示说明

若图 11-14 中包含后续步 M4，甚至后续步 M5，其分析过程与上述过程和方法相同，见图 11-15。

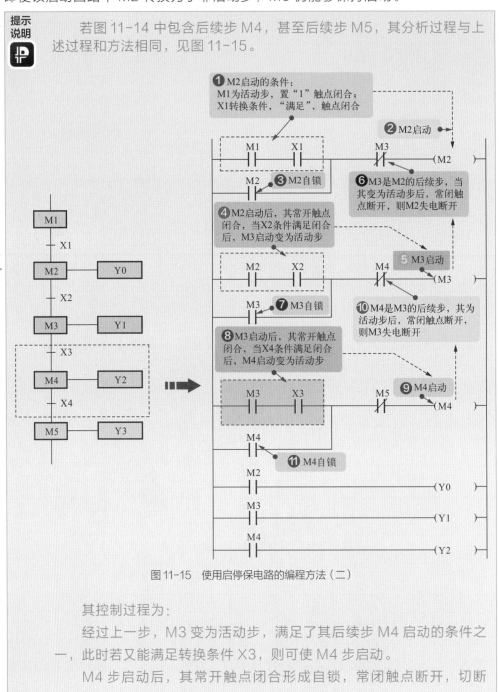

图 11-15 使用启停保电路的编程方法（二）

其控制过程为：

经过上一步，M3 变为活动步，满足了其后续步 M4 启动的条件之一，此时若又能满足转换条件 X3，则可使 M4 步启动。

M4 步启动后，其常开触点闭合形成自锁，常闭触点断开，切断

M3 步，使其失电，继而 M3 转为非活动步。而此时由于 M4 步本身形成自锁，即使该启动回路中 M3 转换为了非活动步，M4 仍能够保持启动。

另外，M2 步启动的同时，其常开触点闭合，Y0 得电；M3 步启动的同时，其常开触点闭合，Y1 得电；M4 步启动的同时，其常开触点闭合，Y2 得电。

通常，初始化脉冲 M8002 的常开触点为起始步的转换条件，该条件将起始步预置为活动步。

（2）使用 STL 指令的编程方法

顺序功能图的 STL 指令编程法即为步进梯形指令编程法，其编程元件主要包括步进梯形指令 STL 和状态继电器 S，只有当步进梯形指令 STL 与状态继电器 S 配合才能实现步进功能。

在 STL 指令编程中，使用 STL 指令的状态继电器的常开触点称为 STL 触点，用符号"⊣⊢"表示，没有常闭 STL 触点。

图 11-16 为使用 STL 指令的编程方法。

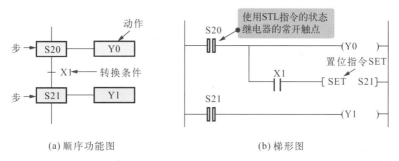

图 11-16　使用 STL 指令的编程方法

对该顺序功能图，可参考指令语句表进行识读。

图 11-17 为使用 STL 指令程序的识读方法。

STL 指令的执行：当 S20 为活动步时，其对应的状态继电器 S20 触点闭合接通（步骤①），执行 Y0 动作（步骤②）。

此时若转换条件 X1 能够实现（步骤③），则对后续步 S21 进行置位操作（SET 指令，步骤④），同时前级步 S20 自动断开，动作 Y0 停止执行。

接着，使用 STL 指令使后续步 S21 状态置位，状态继电器 S21 常开触点闭合，执行 Y1 动作（步骤⑤），同时，前一状态继电器 S20 复位，常开触点断开。

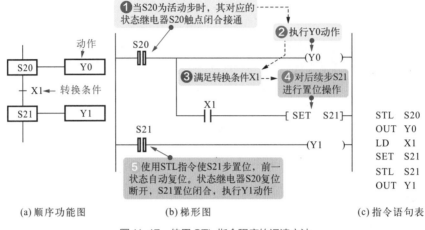

(a) 顺序功能图   (b) 梯形图   (c) 指令语句表

图 11-17 使用 STL 指令程序的识读方法

提示说明

　　STL 指令编程中，通常用编号 S0～S9 标识初始步，S10～S19 用于自动返回原点。且一般状态继电器的常开触点，即 STL 触点与母线相连接。

　　另外，在三菱 FX 系列 PLC 中，还有一条使 STL 指令复位的 RET 指令。

（3）以转换为中心的编程方法

　　根据前述内容我们了解到，在顺序功能图中，如果某一转换的前级步是活动步且相应的转换条件能够满足，则该转换可以实现。

　　以转换为中心的编程，则是指实现程序编写的过程和执行过程是以该步相应的转换为中心的。也就是说，用当前转换的前级步所对应的辅助继电器的常开触点和该转换的转换条件对应的触点串联构成启动回路，作为启动后续步对应继电器置位，前级步对应继电器复位的条件。

　　即该编程方法中，条件是当前转换的前级步所对应的辅助继电器的常开触点和该转换的转换条件对应的触点串联构成启动回路。

　　执行结构是当前转换的后续步对应继电器置位（使用 SET 指令）和当前转换的前级步对应继电器复位（使用 RST）。

　　图 11-18 为以转换为中心的编程方法。

　　以转换为中心的编程方法有很多规律，对于一些复杂的顺序功能图，采用该编程方法转换为梯形图时，方法更加容易掌握。

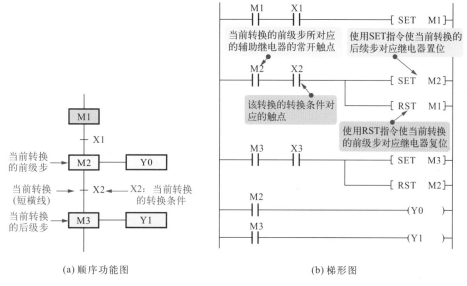

(a) 顺序功能图　　　　　　　　　(b) 梯形图

图 11-18　以转换为中心的编程方法

提示说明
　　需要注意的是，在这种编程方法中，不可将步所对应的动作（输出继电器线圈 Y0、Y1 等）与置位指令（SET）和复位指令（RST）并联，只需根据顺序功能图中的执行顺序，用其对应步的辅助继电器的常开触点进行驱动。

　　在识读以转换为中心的编程方法编写的程序时，按照识读的一般规则，即从左到右，从上到下的顺序即可。

　　图 11-19 为采用以转换为中心的编程方法编写的程序的执行过程。

　　具体执行过程为：

　　当 PLC 运行时，初始化脉冲 M8002 条件满足，其辅助继电器触点 M8002 接通（步骤①），满足 M0 启动回路接通，此时使用 SET 指令使 M0 对应继电器置位，变为活动步（步骤②）。

　　当 M0 变为活动步后，其对应辅助继电器的常开触点闭合（步骤③），则驱动 Y0 执行动作（步骤④）。

　　当 M0 处于活动步时，又能满足转换条件 X0，转换条件对应的继电器常开触点闭合（即步骤④和步骤⑤同时满足），则使用 SET 指令使该转换的后级步 M1 置位，变为活动步（步骤⑥），同时用 RST 指令使该转换前级步 M0 复位，变为非活动步（步骤⑦）。

　　M0 复位后，其继电器常开触点也复位断开，则 Y0 失电，断开（步骤⑧）。

　　而 M1 置位后，变为活动步，其常开触点闭合，则驱动 Y1 执行动作（步骤⑨）。

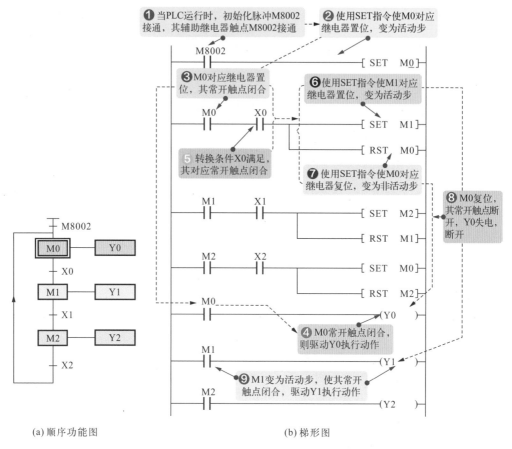

(a) 顺序功能图　　　　　　　　　　　(b) 梯形图

图 11-19　采用以转换为中心的编程方法编写的程序的执行过程

接下来，M2 步的执行过程与 M1 步相同，参考上述分析过程即可很容易完成识读过程，这里不再重复。

第 12 章

三菱 PLC 电气控制电路

12.1 三相交流感应电动机启停控制电路的 PLC 控制

12.1.1 三相交流感应电动机启停 PLC 控制电路的电气结构

. 图 12-1 为电动机启停 PLC 控制电路的结构，该电路主要由 FX$_{2N}$-32MR 型 PLC，输入设备 SB1、SB2、FR-1，输出设备 KM、HL1、HL2 及电源总开关 QF、三相交流电动机 M 等构成。

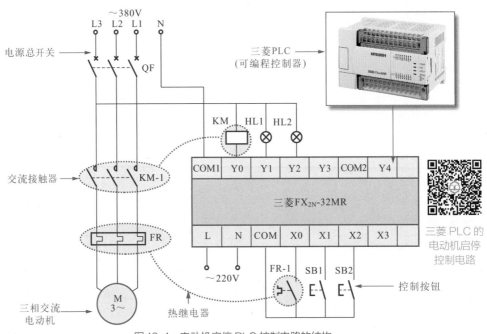

图 12-1　电动机启停 PLC 控制电路的结构

输入设备和输出设备分别连接到 PLC 相应的 I/O 接口上，它是根据 PLC 控制系统设计之初建立的 I/O 分配表进行连接分配的，所连接的接口名称对应 PLC 内部程序的编程地址编号。表 12-1 为电动机启停 PLC 控制电路中 PLC（三菱 FX$_{2N}$ 系列）I/O 分配表。

表 12-1　电动机启停 PLC 控制电路中 PLC（三菱 FX$_{2N}$ 系列）I/O 分配表

输入信号及地址编号			输出信号及地址编号		
名称	代号	输入点地址编号	名称	代号	输出点地址编号
热继电器	FR-1	X0	交流接触器	KM	Y0
启动按钮	SB1	X1	运行指示灯	HL1	Y1
停止按钮	SB2	X2	停机指示灯	HL2	Y2

12.1.2　三相交流感应电动机启停控制电路的 PLC 控制原理

从控制部件、梯形图程序与执行部件的控制关系入手，逐一分析各组成部件的动作状态，即可弄清电动机启停 PLC 控制电路的控制过程，如图 12-2 所示。

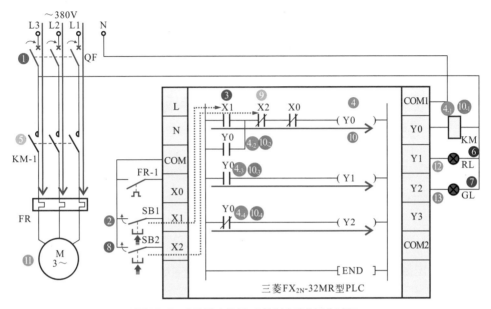

图 12-2　电动机启停 PLC 控制电路的工作过程

【1】合上总断路器 QF，接通三相电源。

【2】按下启动按钮 SB1，其触点闭合。

【3】将输入继电器常开触点 X1 置 1，即常开触点 X1 闭合。

【4】输出继电器线圈 Y0 得电。

　　【4.1】控制 PLC 外接交流接触器 KM 线圈得电。

　　【4.2】自锁常开触点 Y0 闭合自锁。

　　【4.3】控制输出继电器 Y1 的常开触点 Y0 闭合。

　　【4.4】控制输出继电器 Y2 的常闭触点 Y0 断开。

【5】主电路中的主触点 KM-1 闭合，接通电动机 M 电源，电动机 M 启动运转。

【6】Y1 得电，运行指示灯 RL 点亮。

【7】Y2 失电，停机指示灯 GL 熄灭。

【8】当需要停机时，按下停止按钮 SB2，其触点闭合。

【9】输入继电器常开触点 X2 置 0，即常闭触点 X2 断开。

【10】输出继电器 Y0 失电。

　　【10.1】控制 PLC 外接交流接触器 KM 线圈失电。

【10₋₂】自锁常开触点 Y0 复位断开解除自锁。

【10₋₃】控制输出继电器 Y1 的常开触点 Y0 断开。

【10₋₄】控制输出继电器 Y2 的常闭触点 Y0 闭合。

【10₋₁】→【11】主电路中的主触点 KM-1 复位断开，切断电动机 M 电源，电动机 M 失电停转。

【10₋₃】→【12】Y1 失电，运行指示灯 RL 熄灭。

【10₋₄】→【13】Y2 得电，停机指示灯 GL 点亮。

三菱 PLC
控制的电动机
反接制动电路

12.2 三相交流感应电动机反接制动控制电路的 PLC 控制

12.2.1 三相交流感应电动机反接制动 PLC 控制电路的电气结构

图 12-3 为电动机反接制动 PLC 控制电路的结构，该电路主要由三菱 FX₂N-16MR 型 PLC，输入设备 SB1、SB2、KS-1、FR-1，输出设备 KM1-1、KM2-1 及电源总开关 QS、三相交流电动机 M 等构成。

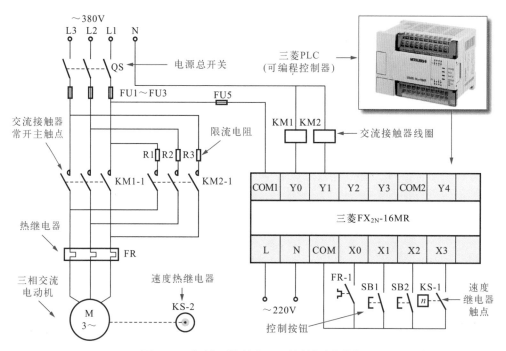

图 12-3　电动机反接制动 PLC 控制电路的结构

输入设备和输出设备分别连接到 PLC 相应的 I/O 接口上，它是根据 PLC 控制系统设计之初建立的 I/O 分配表进行连接分配的，所连接的接口名称对应 PLC 内部程序的编程地址编号。表 12-2 为电动机反接制动 PLC 控制电路中 PLC（三菱 FX$_{2N}$ -16MR）I/O 分配表。

表 12-2　电动机反接制动 PLC 控制电路中 PLC（三菱 FX$_{2N}$-16MR）I/O 分配表

输入信号及地址编号			输出信号及地址编号		
名称	代号	输入点地址编号	名称	代号	输出点地址编号
热继电器常闭触点	FR-1	X0	交流接触器	KM1	Y0
启动按钮	SB1	X1	交流接触器	KM2	Y1
停止按钮	SB2	X2	—	—	—
速度继电器常开触点	KS-1	X3	—	—	—

12.2.2　三相交流感应电动机反接制动控制电路的 PLC 控制原理

从控制部件、梯形图程序与执行部件的控制关系入手，逐一分析各组成部件的动作状态，即可弄清电动机在 PLC 控制下实现反接制动的控制过程。

图 12-4 为电动机反接制动 PLC 控制电路的控制过程。

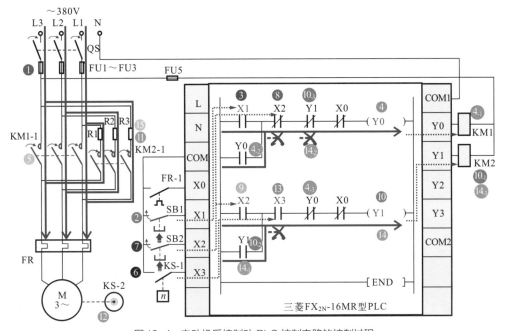

图 12-4　电动机反接制动 PLC 控制电路的控制过程

【1】闭合 QS，接通三相电源。

【2】按下启动按钮 SB1，其常开触点闭合。

【3】将 PLC 内的 X1 置 1，该触点接通。

【4】输出继电器 Y0 得电。

　　　【4-1】控制 PLC 外接交流接触器线圈 KM1 得电。

　　　【4-2】自锁常开触点 Y0 闭合自锁，使松开的启动按钮仍保持接通。

　　　【4-3】常闭触点 Y0 断开，防止 Y1 得电，即防止接触器线圈 KM2 得电。

【4-1】→【5】主电路中的常开主触点 KM1-1 闭合，接通电动机电源，电动机启动运转。

【4-1】→【6】同时速度继电器 KS-2 与电动机连轴同速运转，KS-1 接通，PLC 内部触点 X3 接通。

电动机的制动过程：

【7】按下停止按钮 SB2，其常闭触点断开，控制 PLC 内输入继电器 X2 触点动作。

【7】→【8】控制输出继电器 Y0 线圈的常闭触点 X2 断开，输出继电器 Y0 线圈失电，控制 PLC 外接交流接触器线圈 KM1 失电，带动主电路中主触点 KM1-1 复位断开，电动机断电做惯性运转。

【7】→【9】控制输出继电器 Y1 线圈的常开触点 X2 闭合。

【10】输出继电器 Y1 线圈得电。

　　　【10-1】控制 PLC 外接交流接触器线圈 KM2 得电。自锁常开主触点 Y1 接通，实现自锁功能。

　　　【10-2】控制输出继电器 Y0 线圈的常闭触点 Y1 断开，防止 Y0 得电，即防止接触器 KM1 线圈得电。

【10-1】→【11】带动主电路中常开主触点 KM2-1 闭合，电动机串联限流电阻器 R1 ～ R3 后反接制动。

【12】由于制动作用使电动机转速减小到零时，速度继电器 KS-1 断开。

【13】将 PLC 内输入继电器 X3 置 0，即控制输出继电器 Y1 线圈的常开触点 X3 断开。

【14】输出继电器 Y1 线圈失电。

　　　【14-1】常开触点 Y1 断开，解除自锁。

　　　【14-2】常闭触点 Y1 接通复位，为 Y0 下次得电做好准备。

　　　【14-3】PLC 外接的交流接触器 KM2 线圈失电。

【14-3】→【15】常开主触点 KM2-1 断开，电动机切断电源，制动结束，电动机停止运转。

12.3　三相交流感应电动机顺序启停控制电路的 PLC 控制

12.3.1　三相交流感应电动机顺序启停 PLC 控制电路的电气结构

图 12-5 为电动机顺序启停 PLC 控制电路的结构，该电路主要由两台电动机、FX$_{2N}$-32MR 型三菱 PLC、PLC 输入设备、PLC 输出设备、电源总开关 QS、热继电器 FR 等构成。

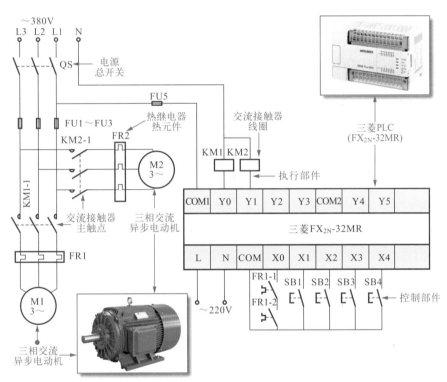

图 12-5　电动机顺序启停 PLC 控制电路的结构

在两台电动机顺序启停的 PLC 控制电路中，PLC（可编程控制器）采用的型号为三菱 FX$_{2N}$-32MR 型，外部的控制部件和执行部件都是通过 PLC 预留的 I/O 接口连接到 PLC 上的，各部件之间没有复杂的连接关系。

控制部件和执行部件分别连接到 PLC 相应的 I/O 接口上，它是根据 PLC 控制系统设计之初建立的 I/O 分配表进行连接分配的，其所连接接口名称也对应于 PLC 内部程序的编程地址编号。

表 12-3 为电动机顺序启停控制电路中 PLC（三菱 FX$_{2N}$-32MR）I/O 分配表。

表 12-3　电动机顺序启停控制电路中 PLC（三菱 FX$_{2N}$-32MR）I/O 分配表

输入信号及地址编号			输出信号及地址编号		
名称	代号	输入点地址编号	名称	代号	输出点地址编号
热继电器	FR-1、FR2-1	X0	电动机 M1 交流接触器	KM1	Y0
M1 停止按钮	SB1	X1	电动机 M2 交流接触器	KM2	Y1
M1 启动按钮	SB2	X2	—	—	—
M2 停止按钮	SB3	X3	—	—	—
M2 启动按钮	SB4	X4	—	—	—

12.3.2　三相交流感应电动机顺序启停控制电路的 PLC 控制原理

电动机顺序启停 PLC 控制电路实现了两台电动机顺序启动、反顺序停机的控制过程，将 PLC 内部梯形图与外部电气部件控制关系结合，了解具体控制过程。

图 12-6 为两台电动机顺序启动的控制过程。

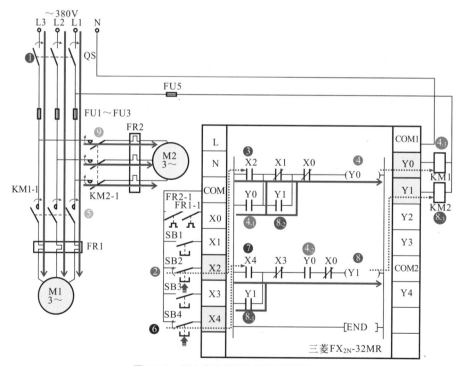

图 12-6　两台电动机顺序启动的控制过程

【1】合上总电源开关 QS，接通三相电源。

【2】按下电动机 M1 的启动按钮 SB2。

【3】PLC 程序中输入继电器常开触点 X2 置 1，即常开触点 X2 闭合。

【4】输出继电器 Y0 线圈得电。

　　【4₋₁】自锁常开触点 Y0 闭合实现自锁。

　　【4₋₂】同时控制输出继电器 Y1 的常开触点 Y0 闭合，为 Y1 得电做好准备。

　　【4₋₃】PLC 外接交流接触器 KM1 线圈得电。

【4₋₃】→【5】主电路中的主触点 KM1-1 闭合，接通电动机 M1 电源，电动机 M1 启动运转。

【6】当需要电动机 M2 运行时，按下电动机 M2 的启动按钮 SB4。

【7】PLC 程序中的输入继电器常开触点 X4 置 1，即常开触点 X4 闭合。

【8】输出继电器 Y1 线圈得电。

　　【8₋₁】自锁常开触点 Y1 闭合实现自锁功能（锁定停止按钮 SB1，用于防止当启动电动机 M2 时，误操作按动电动机 M1 的停止按钮 SB1，而关断电动机 M1，不符合反顺序停机的控制要求）。

　　【8₋₂】控制输出继电器 Y0 的常开触点 Y1 闭合，锁定常闭触点 X1。

　　【8₋₃】PLC 外接交流接触器 KM2 线圈得电。

【8₋₃】→【9】主电路中的主触点 KM2-1 闭合，接通电动机 M2 电源，电动机 M2 继 M1 之后启动运转。

图 12-7 为两台电动机反顺序停机的控制过程。

【10】按下电动机 M2 的停止按钮 SB3。

【11】将 PLC 程序中的输入继电器常闭触点 X3 置 1，即常闭触点 X3 断开。

【12】输出继电器 Y1 线圈失电。

　　【12₋₁】自锁常开触点 Y1 复位断开，解除自锁功能。

　　【12₋₂】联锁常开触点 Y1 复位断开，解除对常闭触点 X1 的锁定。

　　【12₋₃】控制 PLC 外接交流接触器 KM2 线圈失电。

【12₋₃】→【13】连接在主电路中的主触点 KM2-1 复位断开，电动机 M2 供电电源被切断，电动机 M2 停转。

【14】按照反顺序停机要求，按下 SB1。

【15】将 PLC 程序中输入继电器常闭触点 X1 置 1，即常闭触点 X1 断开。

【16】输出继电器 Y0 线圈失电。

　　【16₋₁】自锁常开触点 Y0 复位断开，解除自锁功能。

【16₋₂】PLC 外接交流接触器 KM1 线圈失电。

【16₋₃】同时，控制输出继电器 Y1 的常开触点 Y0 复位断开。

【16₋₂】→【17】主电路中 KM1-1 复位断开，电动机 M1 供电电源被切断，继 M2 后停转。

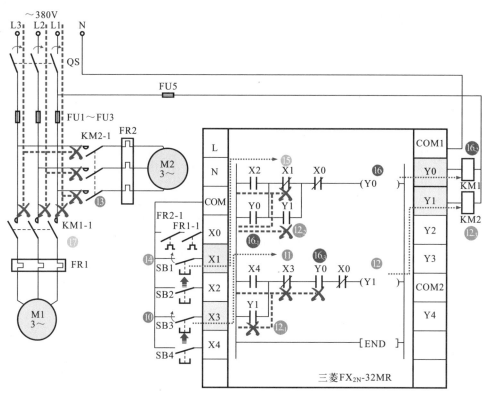

图 12-7　两台电动机反顺序停机的控制过程

12.4　声光报警系统的 PLC 控制

12.4.1　声光报警系统 PLC 控制电路的电气结构

图 12-8 为用 PLC 控制的声光报警器的电气结构，可以看到该电路主要是由报警触发开关、报警扬声器、报警指示灯、三菱 PLC 等构成的。

输入设备和输出设备分别连接到 PLC 输入接口相应的 I/O 接口上，其所连接接口名称由 I/O 地址分配表确定，也对应于 PLC 内部程序的编程地址编号。

表 12-4 为声光报警 PLC 控制电路中 PLC（三菱 FX 系列）I/O 分配表。

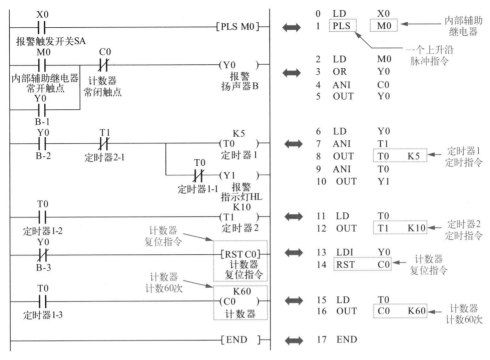

图 12-8　用 PLC 控制的声光报警器的电气结构

表 12-4　声光报警 PLC 控制电路中 PLC（三菱 FX 系列）I/O 分配表

输入信号及地址编号			输出信号及地址编号		
名称	代号	输入点地址编号	名称	代号	输出点地址编号
报警触发开关	SA	X0	报警扬声器	B	Y0
—	—	—	报警指示灯	HL	Y1

12.4.2　声光报警系统控制电路的 PLC 控制原理

用 PLC 控制声光报警器，用以实现报警器受触发后自动启动报警扬声器和报警闪烁灯进行声光报警的功能。

图 12-9、图 12-10 为 PLC 控制声光报警系统的工作过程。

【1】当报警触发开关 SA 受触发闭合时，将 PLC 程序中输入继电器常开触点 X0 置 1，即常开触点 X0 闭合。

【2】输入信号由 ON 变为 OFF，PLS 指令产生一个扫描周期的脉冲输出。

【3】在一个扫描周期内，辅助继电器 M0 线圈得电。

【4】控制输出继电器 Y0 的常开触点 M0 闭合。

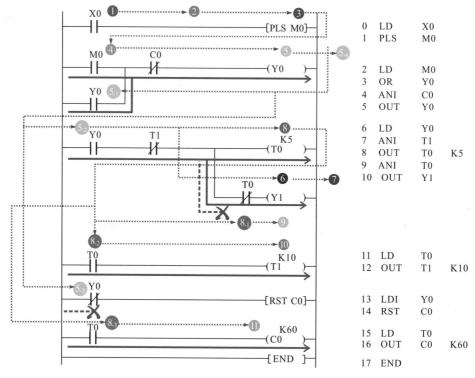

图 12-9 PLC 控制声光报警系统的工作过程 (一)

【5】输出继电器 Y0 线圈得电。

　　【5-1】自锁常开触点 Y0 闭合, 实现自锁功能。

　　【5-2】控制定时器 T0 和输出继电器 Y1 的常开触点 Y0 闭合。

　　【5-3】控制计数器复位指令的常闭触点 Y0 断开, 使计数器无法复位。

　　【5-4】控制 PLC 外接报警扬声器 B 得电, 发出报警声。

【5-2】→【6】输出继电器 Y1 得电。

【7】控制 PLC 外接报警指示灯 HL 点亮。

【5-2】→【8】定时器 T0 线圈得电, 开始 0.5s 计时。

　　　　【8-1】计时时间到, 控制输出继电器 Y1 的延时断开常闭触点 T0 断开。

　　　　【8-2】计时时间到, 控制定时器 T1 的延时闭合常开触点 T0 闭合。

　　　　【8-3】计时时间到, 控制计数器 C0 的延时闭合常开触点 T0 闭合。

【8-1】→【9】输出继电器 Y1 线圈失电, 控制 PLC 外接报警指示灯 HL 熄灭。

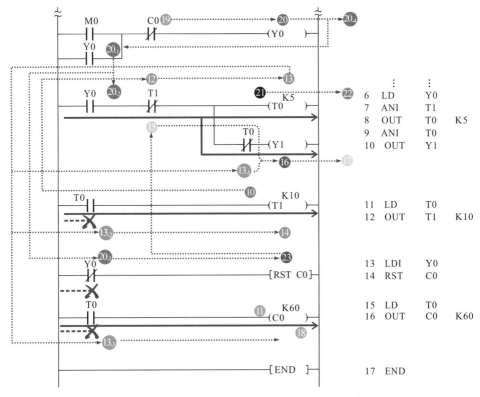

图 12-10　PLC 控制声光报警系统的工作过程（二）

【8₋₂】→【10】定时器 T1 线圈得电，开始 1s 计时。

【8₋₃】→【11】计数器 C0 计数 1 次，当前值为 1。

【10】→【12】计时时间到，控制定时器 T0 和输出继电器 Y1 的常闭触点 T1 断开。

【13】定时器 T0 线圈失电。

　　　【13₋₁】控制输出继电器 Y1 的延时断开常闭触点 T0，立即复位闭合。

　　　【13₋₂】控制定时器 T1 的延时闭合常开触点 T0，立即复位断开。

　　　【13₋₃】控制计数器 C0 的延时闭合常开触点 T0，立即复位断开。

【13₋₂】→【14】定时器 T1 线圈失电。

【15】控制定时器 T0 和 Y1 的常闭触点 T1，立即复位闭合。

【15】+【13₋₁】→【16】输出继电器 Y1 线圈再次得电。

【17】控制 PLC 外接报警指示灯 HL 熄灭 1s 后再次点亮。

【18】报警指示灯每亮灭循环一次，计数器当前值加 1。

【19】当达到其设定值 60 时，控制输出继电器 Y0 的常闭触点 C0 断开。

【20】输出继电器 Y0 线圈失电。

【20₋₁】自锁常开触点 Y0 复位断开，解除自锁。

【20₋₂】控制定时器 T0 和输出继电器 Y1 的常开触点 Y0 复位断开。

【20₋₃】控制计数器复位指令的常闭触点 Y0 复位闭合。

【20₋₄】控制 PLC 外接报警扬声器 B 失电，停止发出报警声。

【20₋₂】→【21】定时器 T0 线圈失电；输出继电器 Y1 线圈失电。

【22】控制 PLC 外接报警指示灯 HL 停止闪烁。

【20₋₃】→【23】复位指令使计数器复位，为下一次计数做好准备。

12.5 自动门系统的 PLC 控制

12.5.1 自动门 PLC 控制电路的电气结构

图 12-11 为自动门 PLC 控制电路的电气结构。该电路主要是由三菱 FX$_{2N}$ 系列 PLC、按钮、位置检测开关、开 / 关门接触器线圈和常开主触点、报警灯、交流电动机等部分构成的。

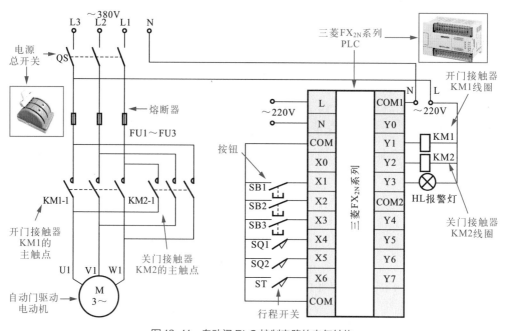

图 12-11 自动门 PLC 控制电路的电气结构

输入设备和输出设备分别连接到 PLC 相应的 I/O 接口上，其所连接接口名称根据 PLC 系统设计之初建立的 I/O 分配表分配，对应 PLC 内部程序的编程地址编号。

表 12-5 为自动门 PLC 控制电路的 I/O 分配表。

表 12-5　自动门 PLC 控制电路的 I/O 分配表

输入信号及地址编号			输出信号及地址编号		
名称	代号	输入点地址编号	名称	代号	输出点地址编号
开门按钮	SB1	X1	开门接触器	KM1	Y1
关门按钮	SB2	X2	关门接触器	KM2	Y2
停止按钮	SB3	X3	报警灯	HL	Y3
开门限位开关	SQ1	X4	—	—	—
关门限位开关	SQ2	X5	—	—	—
安全开关	ST	X6	—	—	—

12.5.2　自动门控制电路的 PLC 控制原理

结合 PLC 内部梯形图程序及 PLC 外接输入、输出设备分析电路工作过程，如图 12-12、图 12-13 所示。

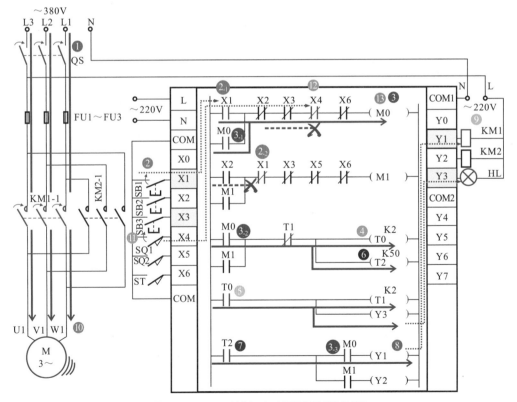

图 12-12　PLC 控制下自动门开门的控制过程

【1】合上电源总开关 QS，接通三相电源。

【2】按下开门开关 SB1。

【2$_{-1}$】PLC 内部的输入继电器 X1 常开触点置 1，控制辅助继电器 M0 的常开触点 X1 闭合。

【2$_{-2}$】PLC 内部控制 M1 的常闭触点 X1 置 0，防止 M1 得电。

【2$_{-1}$】→【3】辅助继电器 M0 线圈得电。

【3$_{-1}$】控制 M0 线路的常开触点 M0 闭合实现自锁。

【3$_{-2}$】控制时间继电器 T0、T2 的常开触点 M0 闭合。

【3$_{-3}$】控制输出继电器 Y1 的常开触点 M0 闭合。

【3$_{-2}$】→【4】时间继电器 T0 得电。

【5】延时 0.2s 后，T0 的常开触点闭合，为定时器 T1 和 Y3 供电，使报警灯 HL 以 0.4s 为周期进行闪烁。

【3$_{-2}$】→【6】时间继电器 T2 得电。

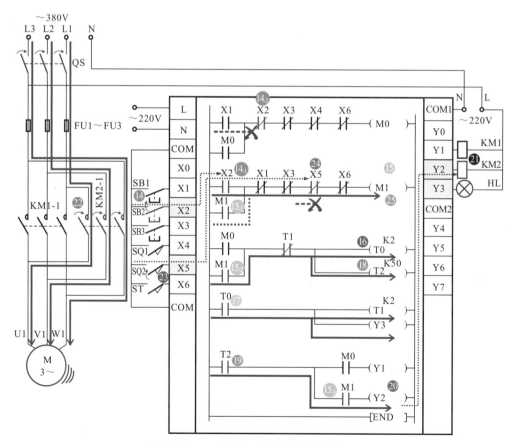

图 12-13　PLC 控制下自动门关门的控制过程

【7】延时 5s 后，控制 Y1 线路中的 T2 常开触点闭合。

【8】输出继电器 Y1 线圈得电。

【9】PLC 外接的开门接触器 KM1 线圈得电吸合。

【10】带动其常开主触点 KM1-1 闭合，接通电动机三相电源，电动机正转，控制大门打开。

【11】当碰到开门限位开关 SQ1 后，SQ1 动作。

【12】X4 置 0（断开）。

【13】辅助继电器 M0 失电，所有触点复位，所有关联部件复位，电动机停止转动，门停止移动。

【14】当需要关门时，按下关门开关 SB2，其内部的常闭触点断开。向 PLC 内送入控制指令，梯形图中的输入继电器触点 X2 动作。

　　【14₋₁】PLC 内部控制 M1 的常开触点 X2 置 1，即触点闭合。

　　【14₋₂】PLC 内部控制 M0 的常闭触点 X2 置 0，防止 M0 得电。

【14₋₁】→【15】辅助继电器 M1 线圈得电。

　　　　　　【15₋₁】控制 M1 线路的常开触点 M1 闭合实现自锁。

　　　　　　【15₋₂】控制时间继电器 T0、T2 的常开触点 M1 闭合。

　　　　　　【15₋₃】控制输出继电器 Y2 的常开触点 M1 闭合。

【15₋₂】→【16】时间继电器 T0 线圈得电。

【17】延时 0.2s 后，T0 的常开触点闭合，为定时器 T1 和 Y3 供电，使报警灯 HL 以 0.4s 为周期进行闪烁。

【15₋₂】→【18】时间继电器 T2 线圈得电。

【19】延时 5s 后，控制 Y2 线路中的 T2 常开触点闭合。

【20】输出继电器 Y2 得电。

【21】外接的关门接触器 KM2 线圈得电吸合。

【22】带动其常开主触点 KM2-1 闭合，反相接通电动机三相电源，电动机反转，控制大门关闭。

【23】当碰到开门限位开关 SQ2 后，SQ2 动作。

【24】PLC 内输入继电器 X5 置 0（断开）。

【25】辅助继电器 M1 失电，所有触点复位，所有关联部件复位，电动机停止转动，门停止移动。

12.6　交通信号灯控制系统的 PLC 控制

12.6.1　交通信号灯 PLC 控制电路的电气结构

图 12-14 为交通信号灯 PLC 控制电路的电气结构。该电路主要是由启动开

关、三菱 FX 系列 PLC、南北和东西两组交通信号灯（绿色信号灯、黄色信号灯、红色信号灯）等构成的。

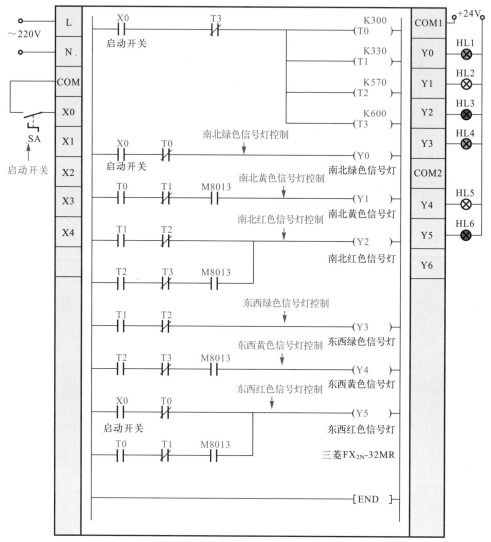

图 12-14　交通信号灯 PLC 控制电路的电气结构

　　由三菱 PLC 控制的十字路口简单信号灯控制电路的基本功能：按下启动开关 SA，交通信号灯控制系统启动。南北绿色信号灯点亮，红色信号灯熄灭；东西绿色信号灯熄灭，红色信号灯点亮，南北方向车辆通行。

　　30s 后，南北黄色信号灯和东西红色信号灯同时以 5Hz 频率闪烁 3s。之后，南北黄色信号灯熄灭，红色信号灯点亮；东西绿色信号灯点亮，红色信号灯熄灭，使东西方向车辆通行。

24s 后，东西的黄色信号灯和南北的红色信号灯，同时以 5Hz 频率闪烁 3s，然后又切换成南北车辆通行状态。如此往复，南北和东西的信号灯以 60s 为周期循环，控制车辆通行。

表 12-6 为交通信号灯 PLC 控制电路中 PLC（三菱 FX 系列）I/O 分配表。

表 12-6　交通信号灯 PLC 控制电路中 PLC（三菱 FX 系列）I/O 分配表

输入信号及地址编号			输出信号及地址编号		
名称	代号	输入点地址编号	名称	代号	输出点地址编号
启动开关	SA	X0	南北绿色信号灯	HL1	Y0
—	—	—	南北黄色信号灯	HL2	Y1
—	—	—	南北红色信号灯	HL3	Y2
—	—	—	东西绿色信号灯	HL4	Y3
—	—	—	东西黄色信号灯	HL5	Y4
—	—	—	东西红色信号灯	HL6	Y5

提示说明

为了清晰了解该 PLC 控制电路的控制关系，可先理清该系统中交通信号灯的时序关系，如图 12-15 所示。

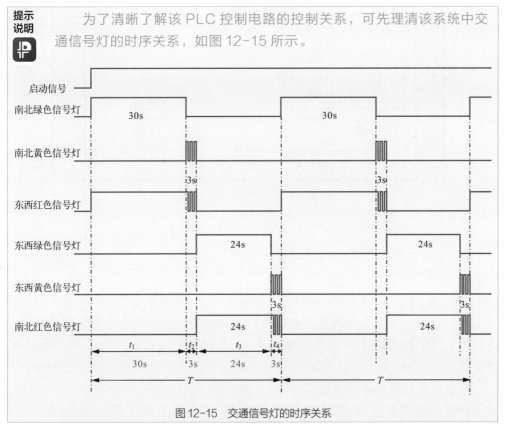

图 12-15　交通信号灯的时序关系

12.6.2 交通信号灯控制电路的 PLC 控制原理

用 PLC 控制的简单十字路口交通信号灯系统，控制过程结合 PLC 内部梯形图程序实现。当输入设备输入启动信号，程序识别、执行和输出控制信号，控制输出设备实现电路功能。

图 12-16、图 12-17 为在三菱 PLC 控制下交通信号灯的工作过程。

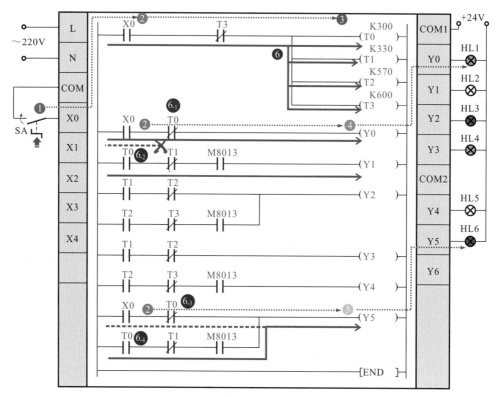

图 12-16 三菱 PLC 控制下交通信号灯的工作过程（一）

【1】将启动开关 SA 转换到启动位置，即其常开触点闭合。

【2】SA 闭合经 PLC 接口向其内部送入启动信号，输入继电器 X0 常开触点闭合。

【2】→【3】四个定时器 T0、T1、T2、T3 线圈均得电开始计时。

【2】→【4】控制输出继电器 Y0 线圈得电，南北绿色信号灯 HL1 点亮。

【2】→【5】控制输出继电器 Y5 线圈得电，东西红色信号灯 HL6 同时点亮。

此时，南北方向车辆通行。

【6】当绿灯点亮 30s 后，T0 计时时间到，其常开触点闭合，常闭触点断开。

【6.₁】控制输出继电器 Y0 线圈的常闭触点 T0 断开，南北绿色信号灯 HL1 熄灭。

【6.₂】控制输出继电器 Y1 线圈脉冲控制程序的常开触点 T0 闭合，南北黄色信号灯 HL2 以 5Hz 频率闪烁。

【6.₃】控制输出继电器 Y5 线圈的常闭触点 T0 断开。

【6.₄】控制输出继电器 Y5 线圈脉冲控制程序的常开触点 T0 闭合，东西红色信号灯 HL6 由点亮变为以 5Hz 频率闪烁。

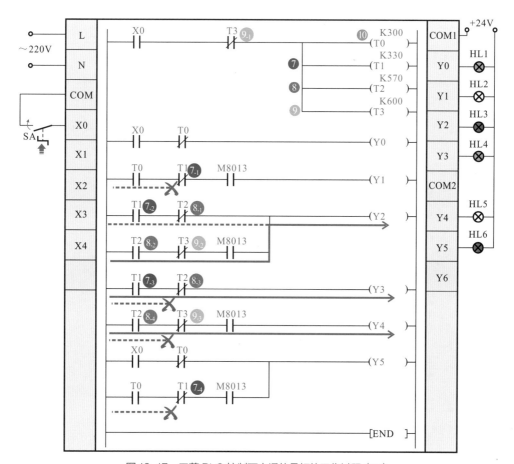

图 12-17　三菱 PLC 控制下交通信号灯的工作过程（二）

【7】经过 3s 后，定时器 T1 计时时间到，其常开触点闭合，常闭触点断开。

【7.₁】控制输出继电器 Y1 线圈的常闭触点 T1 断开，南北黄色信号灯 HL2 熄灭。

【7.₂】控制输出继电器 Y2 线圈的常开触点 T1 闭合，南北红色信号灯 HL3 点亮。

【7-3】控制输出继电器 Y3 线圈的常开触点 T1 闭合，东西绿色信号灯 HL4 点亮。

【7-4】控制输出继电器 Y5 线圈脉冲控制程序的常闭触点 T1 断开，东西红色信号灯 HL6 熄灭。

此时，东西方向车辆通行。

【8】经过 24s 后，定时器 T2 计时时间到，其常开触点闭合，常闭触点断开。

【8-1】控制输出继电器 Y2 线圈的常闭触点断开。

【8-2】控制输出继电器 Y2 线圈脉冲控制程序的常开触点闭合，南北红色信号灯 HL3 开始闪烁。

【8-3】控制输出继电器 Y3 线圈的常闭触点断开，东西绿色信号灯熄灭。

【8-4】控制输出继电器 Y4 线圈的常开触点闭合，东西黄色信号灯开始闪烁。

【9】经过 3s 后，定时器 T3 计时时间到，其常开触点闭合，常闭触点断开。

【9-1】控制四只定时器复位的常闭触点 T3 断开。

【9-2】控制输出继电器 Y2 线圈的常闭触点 T3 断开，南北红色信号灯熄灭。

【9-3】控制输出继电器 Y4 线圈的常闭触点 T3 断开，东西黄色信号灯熄灭。

【9-1】→【10】所有定时器复位并重新开始定时，一个新的循环周期开始。

12.7 蓄水池双向进排水的 PLC 控制

12.7.1 蓄水池双向进排水 PLC 控制电路的电气结构

蓄水池双向进排水 PLC 控制线路的功能结构见图 12-18。

从图 12-8 中可以看出，蓄水池双向进排水线路主要是由蓄水池、水塔、水塔进 / 排水阀、电动机循环泵、蓄水池进 / 排水阀等部分构成的。

其蓄水池水量的控制功能如下：

① 当蓄水池水位超低（-50mm 以下）时，停止排水，开始双进水（蓄水池进水阀门打开，开始蓄水池进水，同时水塔开始向蓄水池排水）。

② 当蓄水池水位较低（-40 ~ -20mm）时，停止排水，开始单进水（水

塔开始向蓄水池排水）。

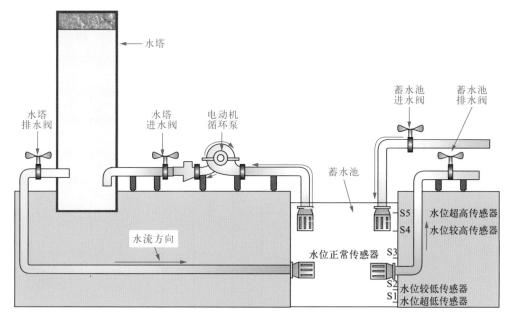

图 12-18　蓄水池双向进排水控制线路的功能结构图

③ 当蓄水池水位正常（-10 ~ 10mm）时，蓄水池不进水，不出水。

④ 当蓄水池水位较高（40 ~ 20mm）时，开始单排水（打开水塔进水阀，延迟 1s 后再次打开电动机循环泵，开始向水塔进水）。

⑤ 当蓄水池水位超高（50mm 以上）时，开始双排水（蓄水池排水阀门打开，开始蓄水池排水，同时向水塔开始进水）。

值得注意的是，在水塔准备进水操作时，应先打开进水阀，延迟 1 s 后再次打开电动机循环泵；停止水塔进水操作，则需要先停止电动机循环泵，延迟 1 s 后再关闭进水阀。

采用 PLC 控制蓄水池的进排水，是通过 PLC 接收传感器输入量信号来对蓄水池中的电磁阀、循环水泵进行自动控制。在该控制系统中，各主要控制部件和功能部件都直接连接到 PLC 相应的接口上，然后根据 PLC 内部程序的设定，实现对蓄水池进排水的控制功能。

图 12-19 为蓄水池双向进排水 PLC 控制线路的结构组成。

蓄水池自动进排水 PLC 控制线路中，控制部件和执行部件分别连接到 PLC 相应的 I/O 接口上，它是根据 PLC 控制系统设计之初建立的 I/O 分配表进行连接分配的，其所连接接口名称也对应于 PLC 内部程序的编程地址编号。蓄水池双向进排水 PLC 控制线路的 I/O 分配表见表 12-7 所列。

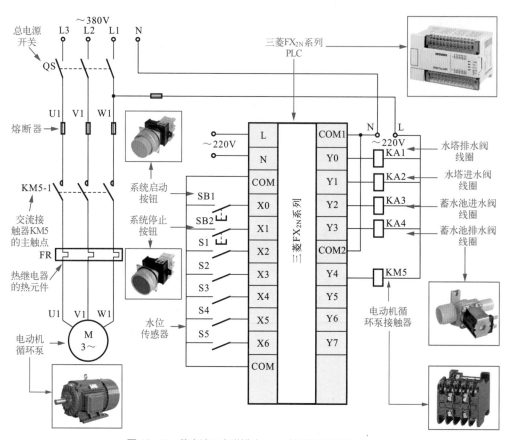

图 12-19　蓄水池双向进排水 PLC 控制线路的结构组成

表 12-7　由三菱 FX₂N 系列 PLC 控制的蓄水池控制线路 I/O 分配表

输入信号及地址编号			输出信号及地址编号		
名称	代号	输入点地址编号	名称	代号	输出点地址编号
系统启动按钮	SB1	X0	水塔排水阀接触器	KA1	Y0
系统停止按钮	SB2	X1	水塔进水阀接触器	KA2	Y1
蓄水池水位超低传感器	S1	X2	蓄水池进水阀接触器	KA3	Y2
蓄水池水位较低传感器	S2	X3	蓄水池排水阀接触器	KA4	Y3
蓄水池水位正常传感器	S3	X4	电动机循环泵接触器	KM5	Y4
蓄水池水位较高传感器	S4	X5	—	—	—
蓄水池水位超高传感器	S5	X6	—	—	—

12.7.2　蓄水池双向进排水控制电路的 PLC 控制原理

从控制部件、PLC（内部梯形图程序）与执行部件的控制关系入手，逐一分析各组成部件的动作状态，即可搞清蓄水池双向进排水 PLC 控制线路的控制过程。

蓄水池双向进排水 PLC 控制线路的控制过程如图 12-20 所示。

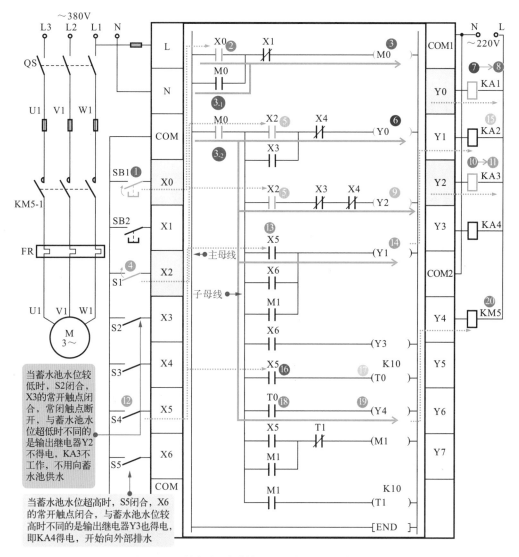

图 12-20　蓄水池双向进排水 PLC 控制线路的控制过程

【1】按下系统启动按钮 SB1。

【2】梯形图中输入继电器 X0 置 1，即常开触点 X0 闭合。

【3】辅助继电器 M0 得电。

　　　　【3-1】自锁常开触点 M0 闭合自锁。

　　　　【3-2】常开触点 M0 闭合使子母线上的设备进入工作准备状态。

【3-2】→【4】当蓄水池水位超低时，S1 闭合。

【5】梯形图中输入继电器 X2 的常开触点闭合。

【5】→【6】输出继电器 Y0 得电。

【7】PLC 输出接口外接 KA1 线圈得电。

【8】带动水塔排水阀阀门打开，向蓄水池排水。

【5】→【9】输出继电器 Y2 得电。

【10】PLC 输出接口外接 KA3 线圈得电。

【11】带动蓄水池进水阀阀门打开，向蓄水池供水。

【12】当蓄水池水位超高时，S4 闭合。

【12】→【13】控制 Y1 的输入继电器 X5 的常开触点闭合。

【14】输出继电器 Y1 得电。

【15】KA2 得电带动水塔进水阀门打开，蓄水池中水向水塔排放。

【12】→【16】控制 T0 的常开触点 X5 闭合。

【17】时间继电器 T0 得电开始计时。

【18】1s 后时间继电器的常开触点 T0 闭合。

【19】输出继电器 Y4 线圈得电。

【20】交流接触器 KM5 得电，控制电动机循环泵启动运转，从而实现由蓄水池向水塔的进水过程。

12.8　雨水利用系统的 PLC 控制

12.8.1　雨水利用 PLC 控制电路的电气结构

雨水利用 PLC 控制线路的功能结构见图 12-21。

在水泵和进水阀接触器的控制下，实现雨水和清水的混合，合理地利用水资源。该电路的控制要求如下：

① 气压罐的压力值低于设定值，且蓄水池的液面高于底部水位传感器 SQ4 时，气压罐传感器 SQ1 无动作，水泵接触器 KM2 得电，控制水泵工作。当气压罐的压力值高于设定值时，气压罐传感器动作，10s 后水泵停止工作。

② 蓄水池的液面低于底部水位传感器 SQ4 时，水泵不工作。

③ 蓄水池的液面低于中部水位传感器 SQ3 时，进水阀接触器 KM1 开始工作，为蓄水池注入清水。

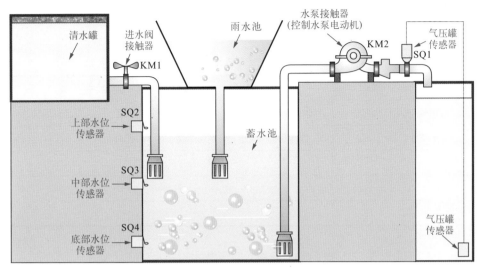

图 12-21　雨水利用 PLC 控制线路的功能结构

④ 蓄水池的液面高于上部水位传感器 SQ2 时，进水阀接触器 KM1 停止工作，停止注入清水。

雨水利用 PLC 控制线路的电路结构如图 12-22 所示。

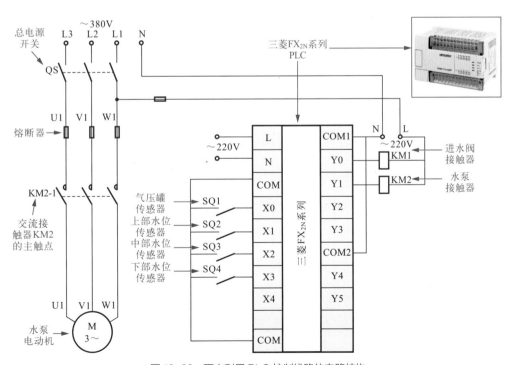

图 12-22　雨水利用 PLC 控制线路的电路结构

该控制线路采用三菱 FX₂ₙ 系列 PLC，电路中 PLC 控制 I/O 分配表见表 12-8。

表 12-8　雨水利用 PLC 控制线路中 PLC 的 I/O 分配表

输入信号及地址编号			输出信号及地址编号		
名称	代号	输入点地址编号	名称	代号	输出点地址编号
气压罐传感器	SQ1	X0	进水阀接触器	KM1	Y0
上部水位传感器	SQ2	X1	水泵接触器	KM2	Y1
中部水位传感器	SQ3	X2	—	—	—
底部水位传感器	SQ4	X3	—	—	—

12.8.2　雨水利用控制电路的 PLC 控制原理

结合 PLC 内的梯形图程序，了解雨水利用 PLC 控制线路的控制过程，如图 12-23 所示。

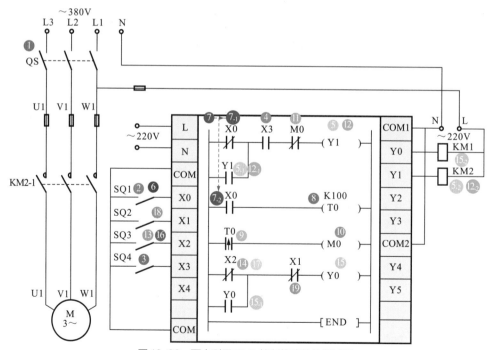

图 12-23　雨水利用 PLC 控制线路的控制过程

【1】闭合电源总开关 QS，接入电源，为电路工作做好准备。

【2】当气压罐中的压力值低于设定值时，SQ1 不动作，即 PLC 输入端外接

S1 不动作。

　　【3】此时若蓄水池中的水位高于 SQ4，SQ4 动作，即 PLC 输入端外接 S4 闭合。

　　【4】PLC 内部的常开触点 X3 闭合。

　　【4】→【5】输出继电器 Y1 线圈得电。

　　　　　【5$_{-1}$】Y1 常开触点闭合自锁。

　　　　　【5$_{-2}$】PLC 外接的 KM2 线圈得电，其主电路的常开主触点闭合，水泵电动机得电，开始旋转。

　　【6】若气压罐压力高于设定值时，SQ1 动作。

　　【7】对应 PLC 内部的触点 X0 动作。

　　　　　【7$_{-1}$】控制输出继电器 Y1 的常闭触点 X0 断开。

　　　　　【7$_{-2}$】控制时间继电器 T0 的常开触点 X0 闭合。

　　【7$_{-2}$】→【8】定时器 T0 线圈得电。

　　【9】10s 后定时器的常开触点 T0 闭合。

　　【9】→【10】辅助继电器 M0 得电。

　　【11】辅助继电器常闭触点 M0 断开。

　　【11】→【12】输出继电器 Y1 线圈失电。

　　　　　【12$_{-1}$】Y1 常开触点断开，解除自锁。

　　　　　【12$_{-2}$】PLC 外接的 KM2 线圈失电，触点复位，水泵电动机停止旋转。

　　进水阀主要用来在雨水不足的情况下，控制清水池为蓄水池注入清水，保持水泵电动机的工作以及气压罐中的压力。

　　【13】当蓄水池中的水低于中部水位时，SQ3 不动作。

　　【14】PLC 内部的 X2 和 X1 均处于闭合状态。

　　【15】输出继电器 Y0 线圈得电。

　　　　　【15$_{-1}$】Y0 常开触点闭合自锁。

　　　　　【15$_{-2}$】PLC 外接的接触器 KM1 动作，其常开触点闭合，进水阀打开，清水由清水池流入蓄水池中。

　　【16】当蓄水池中的水位高于中部水位时，SQ3 动作，对应 PLC 梯形图中的常闭触点 X2 断开。

　　【17】由于 Y0 的常开触点闭合自锁，X3 虽然断开，Y1 继续得电，KM1 保持动作状态。

　　【18】当蓄水池中的水位高于上部水位时，SQ2 动作。

　　【19】对应 PLC 内梯形图中的常闭触点 X1 断开，Y0 失电，KM1 失电，进水阀关闭，停止进水。

12.9 三层电梯的 PLC 控制

12.9.1 三层电梯 PLC 控制电路的电气结构

图 12-24 为三层电梯 PLC 控制电路的电气结构。该电路主要是由三菱 FX$_{2N}$ 系列 PLC、按钮、限位开关、上 / 下行控制接触器、电梯上 / 下行曳引电动机等部分构成的。

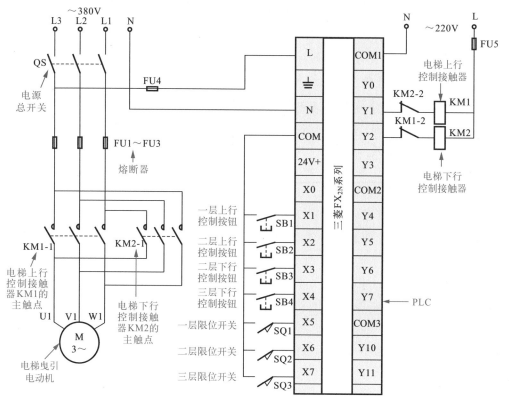

图 12-24 三层电梯 PLC 控制电路的电气结构

输入设备和输出设备分别连接到 PLC 相应的 I/O 接口上，其所连接接口名称根据 PLC 系统设计之初建立的 I/O 分配表分配，对应 PLC 内部程序的编程地址编号。

表 12-9 为三层电梯 PLC 控制电路的 I/O 分配表。

表 12-9　三层电梯 PLC 控制电路的 I/O 分配表

输入信号及地址编号			输出信号及地址编号		
名称	代号	输入点地址编号	名称	代号	输出点地址编号
一层上行控制按钮	SB1	X1	电梯上行控制接触器	KM1	Y1

输入信号及地址编号			输出信号及地址编号		
名称	代号	输入点地址编号	名称	代号	输出点地址编号
二层上行控制按钮	SB2	X2	电梯下行控制接触器	KM2	Y2
二层下行控制按钮	SB3	X3	—	—	—
三层下行控制按钮	SB4	X4	—	—	—
一层限位开关	SQ1	X5	—	—	—
二层限位开关	SQ2	X6	—	—	—
三层限位开关	SQ3	X7	—	—	—

图 12-25 是三层电梯 PLC 控制电路的梯形图。

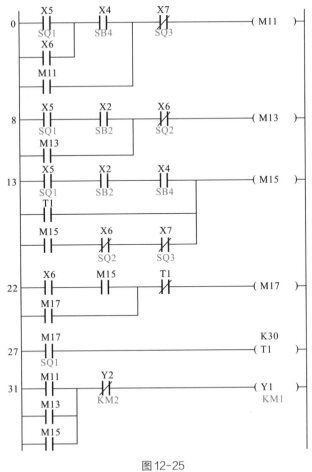

图 12-25

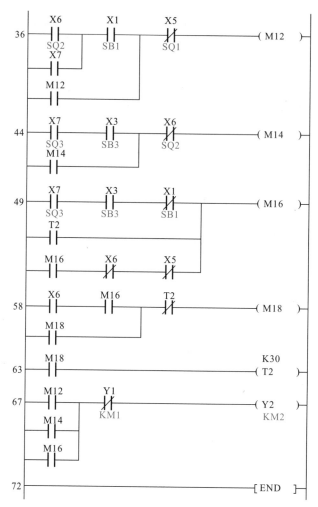

图 12-25　三层电梯 PLC 控制电路的梯形图

12.9.2　三层电梯控制电路的 PLC 控制原理

结合 PLC 内部梯形图程序及 PLC 外接输入、输出设备分析电路工作过程。当电梯停于一层或二层，分别按下 SB2、SB4 按钮呼叫时的控制过程如图 12-26 所示。

当电梯停于一层时，如果按下 SB2 按钮呼叫，则电梯上升到二层，由限位开关 SQ2 停止。控制过程如下：

【1】合上电源总开关 QS，接通三相电源。

【2】当电梯停于第一层时，限位开关 SQ1 闭合，将 PLC 内输入继电器 X5 常开触点置 1，该触点闭合。

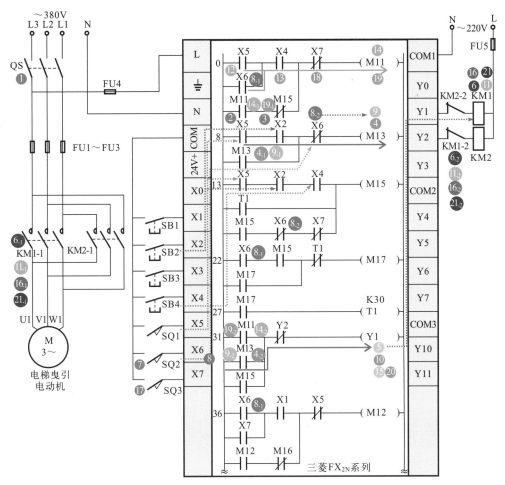

图 12-26　当电梯停于一层或二层，分别按下 SB2、SB4 按钮呼叫时的控制过程

【3】若在第二层按下二层上行控制按钮 SB2 进行呼叫，SB2 常开触点闭合，将 PLC 内输入继电器 X2 常开触点置 1，该触点闭合。

【2】+【3】→【4】中间继电器 M13 线圈得电。

【4₋₁】M13 的自锁常开触点闭合，实现自锁。即当电梯离开第一层，SQ1 复位；手松开按钮 SB2 后，自锁触点 M13 仍能保持 M13 线圈得电。

【4₋₂】控制输出继电器 Y1 的常开触点 M13 闭合。

【4₋₂】→【5】输出继电器 Y1 线圈得电。

【5】→【6】PLC 外接电梯上行控制接触器 KM1 线圈得电。

【6₋₁】控制电梯曳引电动机的常开主触点 KM1-1 闭合，曳引电动机启动运转，带动电梯上升。

【6₋₂】常闭辅助触点 KM1-2 断开，防止 KM2 线圈得电，实现互锁。

【7】当电梯上升到第二层时，触发限位开关 SQ2，其触点闭合。

【8】将 PLC 内输入继电器 X6 触点置 1。

　　【8₋₁】X6 的常开触点闭合。

　　【8₋₂】X6 的常闭触点断开。

【8₋₂】→【9】中间继电器 M13 线圈失电。

　　【9₋₁】M13 自锁常开触点复位断开，解除自锁。

　　【9₋₂】控制输出继电器 Y1 的常开触点 M13 复位断开。

【9₋₂】→【10】输出继电器 Y1 线圈失电。

【10】→【11】PLC 外接电梯上行控制接触器 KM1 线圈失电。

　　【11₋₁】控制电梯曳引电动机的常开主触点 KM1-1 复位断开，曳引电动机停转，电梯上升到第二层停止。

　　【11₋₂】常闭辅助触点 KM1-2 复位闭合，解除互锁。

当电梯停于一层或二层时，如果按下 SB4 按钮呼叫，则电梯直接上升到三层，由限位开关 SQ3 停止。控制过程如下：

【12】当电梯停于一层或二层时，限位开关 SQ1 或 SQ2 触点闭合，PLC 内的常开触点 X5 或 X6 置 1，触点闭合。

【13】按下三层下行控制按钮 SB4，其触点闭合，PLC 内常开触点 X4 闭合。

【12】+【13】→【14】中间继电器 M11 线圈得电。

　　【14₋₁】自锁常开触点 M11 闭合自锁。

　　【14₋₂】控制输出继电器 Y1 的常开触点 M11 闭合。

【14₋₂】→【15】输出继电器 Y1 线圈得电。

【15】→【16】PLC 外接电梯上行控制接触器 KM1 线圈得电。

　　【16₋₁】控制电梯曳引电动机的常开主触点 KM1-1 闭合，曳引电动机启动运转，带动电梯上升。

　　【16₋₂】常闭辅助触点 KM1-2 断开，防止 KM2 线圈得电，实现互锁。

【17】当电梯上升到三层，限位开关 SQ3 触点闭合。

【18】PLC 内输入继电器 X7 置 1，其常闭触点断开。

【18】→【19】中间继电器 M11 线圈失电。

　　【19₋₁】自锁常开触点 M11 复位断开，解除自锁。

　　【19₋₂】控制输出继电器 Y1 的常开触点 M11 复位断开。

【19₋₂】→【20】输出继电器 Y1 线圈失电。

【20】→【21】PLC 外接电梯上行控制接触器 KM1 线圈失电。

　　【21₋₁】控制电梯曳引电动机的常开主触点 KM1-1 复位断开，曳引电动机停转，电梯上升到第三层停止。

【21_-2】常闭辅助触点 KM1-2 复位闭合，解除互锁。

当电梯停于一层，同时按下 SB2、SB4 按钮呼叫时的控制过程如图 12-27 所示。

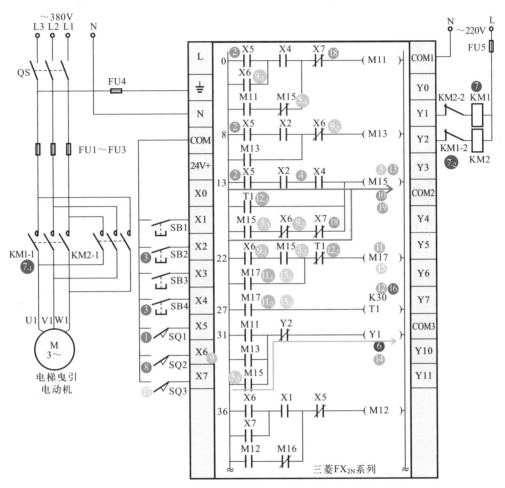

图 12-27　当电梯停于一层，同时按下 SB2、SB4 按钮呼叫时的控制过程

若当电梯停于一层时，如果按 SB2、SB4 按钮呼叫，则电梯线上升到二层，由限位开关 SQ2 暂停 3s 后，继续上升到三层，由限位开关 SQ3 停止。控制过程如下。

【1】当电梯停于第一层时，限位开关 SQ1 闭合。

【1】→【2】PLC 内输入继电器 X5 常开触点置 1，该触点闭合。

【3】按 SB2、SB4 按钮呼叫，则 SB2、SB4 常开触点均闭合。

【3】→【4】将 PLC 内输入继电器 X2、X4 常开触点置 1，触点闭合。

【2】+【4】→【5】中间继电器 M15 线圈得电。

　　　　　　　【5₋₁】M15 的自锁常开触点闭合，实现自锁。

　　　　　　　【5₋₂】控制中间继电器 M17 的常开触点 M15 闭合。

　　　　　　　【5₋₃】控制输出继电器 Y1 的常开触点 M15 闭合。

　　　　　　　【5₋₄】M15 的常闭触点断开，保证中间继电器 M11 线圈在电梯到达第二层时断开。否则 M11 线圈得电，Y1 将一直得电，无法保证在第二层的停留。

【5₋₃】→【6】输出继电器 Y1 线圈得电。

【6】→【7】PLC 外接电梯上行控制接触器 KM1 线圈得电。

　　　　　　　【7₋₁】控制电梯曳引电动机的常开主触点 KM1-1 闭合，曳引电动机启动运转，带动电梯上升。

　　　　　　　【7₋₂】常闭辅助触点 KM1-2 断开，防止 KM2 线圈得电，实现互锁。

【7₋₁】→【8】当电梯到达第二层时，限位开关 SQ2 被碰触，其触点闭合。

【8】→【9】PLC 内输入继电器 X6 置 1。

　　　　　　　【9₋₁】X6 的常开触点闭合。

　　　　　　　【9₋₂】X6 的常闭触点断开。

【9₋₂】→【10】中间继电器 M15 线圈失电，其触点全部复位，Y1 线圈失电，KM1 线圈失电，触点复位，电梯曳引电动机停止上升。

【9₋₁】+【5₋₂】→【11】中间继电器 M17 线圈得电。

　　　　　　　【11₋₁】M17 自锁常开触点闭合自锁。

　　　　　　　【11₋₂】控制定时器 T1 线圈的常开触点 M17 闭合。

【11₋₂】→【12】定时器 T1 线圈得电，开始计时。3s 后，定时时间到，其触点动作。

　　　　　　　【12₋₁】T1 常开触点闭合。

　　　　　　　【12₋₂】T1 常闭触点断开。

【12₋₁】→【13】中间继电器 M15 线圈再次得电，其触点动作。

【13】→【14】输出继电器 Y1 线圈再次得电，PLC 外接电梯上行控制接触器 KM1 线圈得电，控制电梯曳引电动机的常开主触点 KM1-1 闭合，曳引电动机再次启动运转，带动电梯由二层开始上升。

【12₋₂】→【15】中间继电器 M17 线圈失电。

　　　　　　　【15₋₁】M17 自锁常开触点复位，解除自锁。

　　　　　　　【15₋₂】控制定时器 T1 线圈的常开触点 M17 复位断开。

【15₋₂】→【16】定时器 T1 线圈失电，其触点全部复位，为下次计时做准备。

【14】→【17】当电梯上升到第三层时，限位开关 SQ3 被碰触，触点闭合。

【18】PLC 内输入继电器 X7 置 1，其常闭触点断开。

【19】中间继电器 M15 线圈再次失电，其触点全部复位，Y1 线圈失电，KM1 线圈失电，触点复位，电梯曳引电动机停止在第三层。

当电梯停于三层或二层时，按下 SB1 按钮呼叫的控制过程如图 12-28 所示。

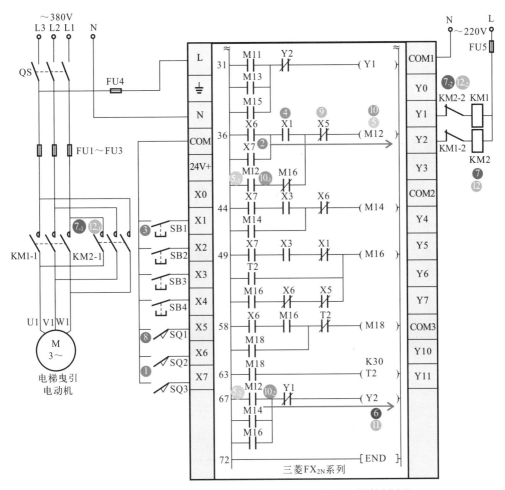

图 12-28　当电梯停于三层或二层时，按下 SB1 按钮呼叫的控制过程

当电梯停于三层或二层时，按下 SB1 按钮呼叫，则电梯下降到一层，由限位开关 SQ1 停止，控制过程如下：

【1】当电梯停于三层或二层时，SQ3 或 SQ2 被碰触。

【2】PLC 内输入继电器 X7 或 X6 置 1，常开触点闭合。

【3】当按下 SB1 按钮呼叫时，SB1 按钮闭合。

【4】PLC 内输入继电器 X1 置 1，其常开触点闭合。

【2】+【4】→【5】中间继电器 M12 闭合。

【5-1】自锁常开触点 M12 闭合自锁。

【5-2】控制输出继电器 Y2 的常开触点 M12 闭合。

【5-2】→【6】输出继电器 Y2 线圈得电。

【6】→【7】PLC 外接电梯下行控制接触器 KM2 线圈得电。

【7-1】控制电梯曳引电动机的常开主触点 KM2-1 闭合，曳引电动机启动反向运转，带动电梯下降。

【7-2】常闭辅助触点 KM2-2 断开，防止 KM1 线圈得电，实现互锁。

【8】当电梯下降到一层时，触发限位开关 SQ1，其触点闭合。

【9】将 PLC 内输入继电器 X5 触点置 1，其常闭触点断开。

【9】→【10】中间继电器 M12 线圈失电。

【10-1】M12 自锁常开触点复位断开，解除自锁。

【10-2】控制输出继电器 Y2 的常开触点 M12 复位断开。

【10-2】→【11】输出继电器 Y2 线圈失电。

【11】→【12】PLC 外接电梯下行控制接触器 KM2 线圈失电。

【12-1】控制电梯曳引电动机的常开主触点 KM2-1 复位断开，曳引电动机停转，电梯下降到第一层停止。

【12-2】常闭辅助触点 KM2-2 复位闭合，解除互锁。

同样，当电梯停于三层时，若按下 SB3、SB1 呼叫，则电梯先下降到二层，由行程开关 SQ2 暂停 3s，继续下降到一层，由 SQ1 停止。

电梯上升途中，任何反方向的下降按钮呼叫均无效；电梯下降途中，任何反方向的上升按钮呼叫均无效。

12.10 手/自两用设备的 PLC 控制系统（三菱）

12.10.1 手/自两用设备 PLC 控制电路的电气结构

手/自两用设备是指具有手动和自动两种操作方式的设备。图 12-29 为手/自两用设备 PLC 控制电路的电气结构。该电路中 SA 是操作方式选择开关，当 SA 处于断开状态时，选择手动操作方式；当 SA 处于接通状态时，选择自动操作方式。

输入设备和输出设备分别连接到 PLC 相应的 I/O 接口上，其所连接接口名称根据 PLC 系统设计之初建立的 I/O 分配表分配，对应 PLC 内部程序的编程地址编号。

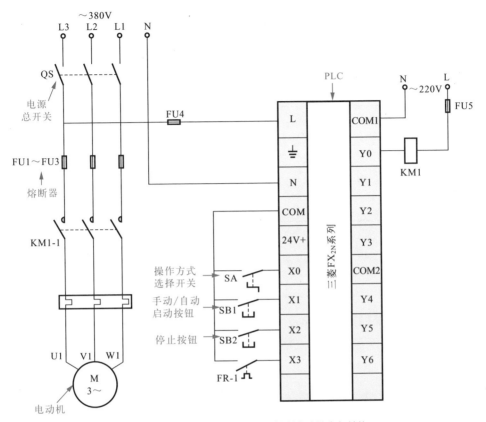

图 12-29　手/自两用设备 PLC 控制电路的电气结构

表 12-10 为手/自两用设备 PLC 控制电路的 I/O 分配表。

表 12-10　手/自两用设备 PLC 控制电路的 I/O 分配表

输入信号及地址编号			输出信号及地址编号		
名称	代号	输入点地址编号	名称	代号	输出点地址编号
操作方式选择开关	SA	X0	设备电动机控制接触器	KM1	Y0
手动/自动启动按钮	SB1	X1	—	—	—
停止按钮	SB2	X2	—	—	—
热继电器	FR-1	X3	—	—	—

图 12-30 是手/自两用设备 PLC 控制电路的梯形图。

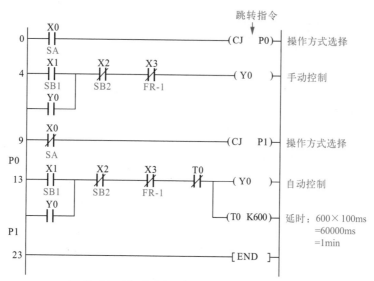

图 12-30 手 / 自两用设备 PLC 控制电路的梯形图

12.10.2 手 / 自两用设备 PLC 控制电路的控制过程

结合 PLC 内部梯形图程序及 PLC 外接输入、输出设备分析电路工作过程。图 12-31 为手 / 自两用设备 PLC 控制电路的工作过程。

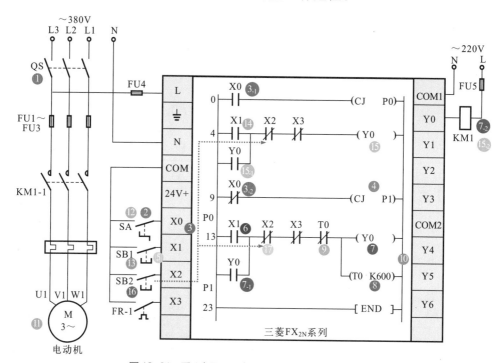

图 12-31 手 / 自两用设备 PLC 控制电路的工作过程

【1】闭合电源开关 QS，接通电路电源。

【2】旋动旋转开关 SA 使其闭合。

【3】PLC 内输入继电器 X0 置 1。

　　【3-1】常开触点 X0 闭合。

　　【3-2】常闭触点 X0 断开。

【3-1】→【4】执行跳转指令 CJ，跳转到标号 P0 位置开始执行，即执行自动控制。

【5】按下启动按钮 SB1，其常开触点闭合。

【6】PLC 内输入继电器 X1 置 1，即常开触点 X1 闭合。

【4】+【6】→【7】输出继电器 Y0 线圈得电。

　　　　　　　【7-1】自锁常开触点 Y0 闭合自锁。

　　　　　　　【7-2】PLC 外接交流接触器 KM1 线圈得电，其常开主触点 KM1-1 闭合，电动机启动运转。

【4】+【6】→【8】定时器 T0 线圈得电，开始定时。

【9】1min 后，定时时间到，T0 常闭触点断开。

【9】→【10】输出继电器 Y0 线圈失电，同时定时器 T0 线圈失电。

【10】→【11】PLC 外接交流接触器 KM1 线圈失电，其常开主触点 KM1-1 复位断开，电动机自动停转。

【12】若将旋转开关 SA 置于断开状态，PLC 内输入继电器 X0 置 0，常开触点保持断开，常闭触点保持闭合，不执行跳转指令，程序按顺序执行。

【13】按下启动按钮 SB1，其常开触点闭合。

【14】PLC 内输入继电器 X1 置 1，即常开触点 X1 闭合。

【12】+【14】→【15】输出继电器 Y0 线圈得电。

　　　　　　　【15-1】自锁常开触点 Y0 闭合自锁。

　　　　　　　【15-2】PLC 外接交流接触器 KM1 线圈得电，其常开主触点 KM1-1 闭合，电动机启动运转。

【16】按下停止按钮 SB2，其常开触点闭合。

【17】PLC 内常闭触点 SB2 断开，输出继电器失电，PLC 外接触器线圈失电，常开主触点复位断开，电动机停转。

12.11　通风报警系统的 PLC 应用

12.11.1　通风报警 PLC 控制电路的电气结构

通风报警 PLC 控制电路主要是由风机 ABCD 运行状态检测传感器、三菱 PLC、红绿黄三个指示灯等构成的，如图 12-32 所示。

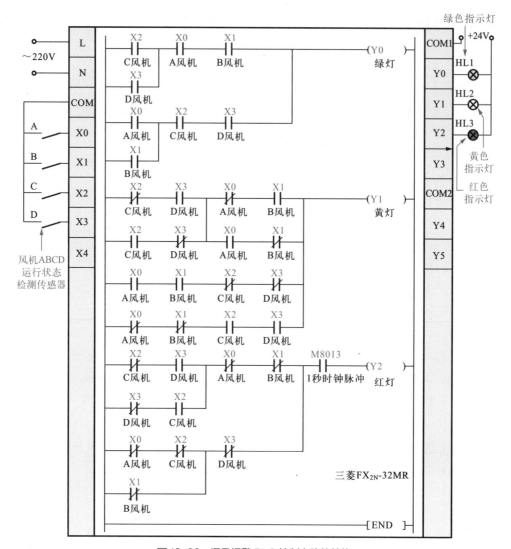

图 12-32　通风报警 PLC 控制电路的结构

　　风机 ABCD 运行状态检测传感器和指示灯分别连接到 PLC 相应的 I/O 接口上，所连接的接口名称对应 PLC 内部程序的编程地址编号，由设计之初确定的 I/O 分配表设定。表 12-11 为通风报警系统 PLC（三菱 FX$_{2N}$ 系列）I/O 分配表。

表 12-11　通风报警系统 PLC（三菱 FX$_{2N}$ 系列）I/O 分配表

输入信号及地址编号			输出信号及地址编号		
名称	代号	输入点地址编号	名称	代号	输出点地址编号
风机 A 运行状态检测传感器	A	X0	通风良好指示灯（绿）	HL1	Y0

输入信号及地址编号			输出信号及地址编号		
名称	代号	输入点地址编号	名称	代号	输出点地址编号
风机 B 运行状态检测传感器	B	X1	通风不佳指示灯（黄）	HL2	Y1
风机 C 运行状态检测传感器	C	X2	通风太差指示灯（红）	HL3	Y2
风机 D 运行状态检测传感器	D	X3	—	—	—

12.11.2　通风报警控制电路的 PLC 控制原理

在通风系统中，4 台电动机驱动 4 台风机运转，为了确保该环境下通风状态良好，设有通风报警系统，即由绿、黄、红指示灯对电动机运行状态进行指示。当 3 台以上风机同时运行时，绿灯亮，表示通风状态良好；当 2 台风机同时运转时，黄灯亮，表示通风不佳；当仅有一台风机运转时，红灯亮起并闪烁发出报警指示，警告通风太差。

图 12-33 为通风报警 PLC 控制电路中绿灯点亮的控制过程。

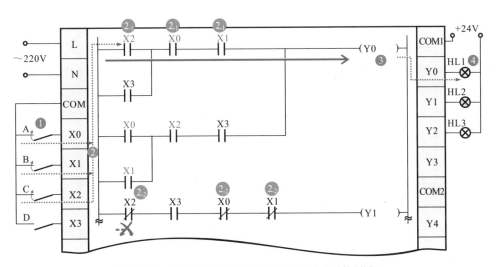

图 12-33　通风报警 PLC 控制电路中绿灯点亮的控制过程

当三台以上风机均运转时，A、B、C、D 传感器中至少有 3 只传感器闭合，向 PLC 中送入传感信号。根据 PLC 内控制绿灯的梯形图程序可知，X0 ~ X3 任意三个输入继电器触点闭合，总有一条程序能控制输出继电器 Y0 线圈得电，从而使 HL1 得电点亮。例如，当 A、B、C3 个传感器获得运转信息而闭合时。

【1】当 A、B、C 测得风机运转信息闭合时，其常开触点闭合。

【2】PLC 内相应输入继电器触点动作

　　【2-1】将 PLC 内输入继电器 X0、X1、X2 的常开触点闭合。

　　【2-2】同时，输入继电器 X0、X1、X2 的常闭触点断开，使输出
继电器 Y1、Y2 线圈不可得电。

【2-1】→【3】输出继电器 Y0 线圈得电。

【4】控制 PLC 外接绿色指示灯 HL1 点亮，指示目前通风状态良好。

图 12-34 为通风报警 PLC 控制电路中黄灯、红灯点亮的控制过程。

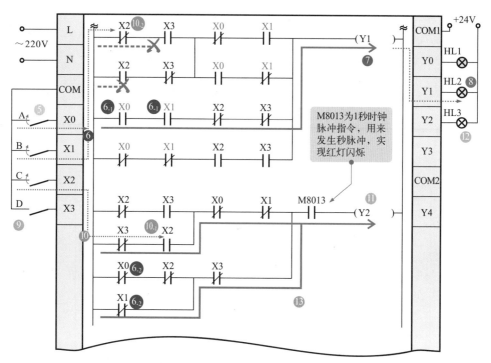

图 12-34　通风报警 PLC 控制电路中黄灯、红灯点亮的控制过程

　　当两台风机运转时，A、B、C、D 传感器中至少有 2 只传感器闭合，向
PLC 中送入传感信号。根据 PLC 内控制绿灯的梯形图程序可知，X0 ~ X3
任意两个输入继电器触点闭合，总有一条程序能控制输出继电器 Y1 线圈得
电，从而使 HL2 得电点亮。例如，当 A、B 两个传感器获得运转信息而闭
合时。

【5】当 A、B 测得风机运转信息闭合时，其常开触点闭合。

【6】PLC 内相应输入继电器触点动作。

【6.1】将 PLC 内输入继电器 X0、X1 的常开触点闭合。

【6.2】同时，输入继电器 X0、X1 的常闭触点断开，使输出继电器 Y2 线圈不可得电。

【6.1】→【7】输出继电器 Y1 线圈得电。

【8】控制 PLC 外接黄色指示灯 HL2 点亮，指示目前通风状态不佳。

当少于两台风机运转时，A、B、C、D 传感器中无传感器闭合或仅有 1 只传感器闭合，向 PLC 中送入传感信号。根据 PLC 内控制绿灯的梯形图程序可知，X0 ~ X3 任意 1 个输入继电器触点闭合或无触点闭合送入信号，总有一条程序能控制输出继电器 Y2 线圈得电，从而使 HL3 得电点亮。例如，当仅 C 传感器获得运转信息而闭合时。

【9】当 C 测得风机运转信息闭合时，其常开触点闭合。

【10】PLC 内相应输入继电器触点动作。

【10.1】将 PLC 内输入继电器 X2 的常开触点闭合。

【10.2】同时，输入继电器 X2 的常闭触点断开，使输出继电器 Y0、Y1 线圈不可得电。

【10.1】→【11】输出继电器 Y2 线圈得电。

【12】控制 PLC 外接红色指示灯 HL3 点亮。同时，在 M8013 作用下发出 1 秒时钟脉冲，使红色指示灯闪烁，发出报警指示目前通风太差。

【13】当无风机运转时，A、B、C、D 都不动作，PLC 内梯形图程序中 Y2 线圈得电，控制红色指示灯 HL3 点亮，在 M8013 控制下闪烁、发出报警指示。

12.12　摇臂钻床控制系统的 PLC 应用

12.12.1　摇臂钻床 PLC 控制电路的电气结构

摇臂钻床是一种对工件进行钻孔、扩孔以及攻螺纹等的工控设备。由 PLC 与外接电气部件构成控制电路，实现电动机的启停、换向，从而实现设备的进给、升降等控制。

图 12-35 为摇臂钻床 PLC 控制电路的结构组成。

摇臂钻床 PLC 控制电路中，采用三菱 FX$_{2N}$ 系列 PLC，外部的按钮开关、限位开关触点和接触器线圈根据 PLC 控制电路设计之初建立的 I/O 分配表进行连接分配，其所连接接口名称也对应于 PLC 内部程序的编程地址编号。

表 12-12 为采用三菱 FX$_{2N}$ 系列 PLC 的摇臂钻床控制电路 I/O 分配表。

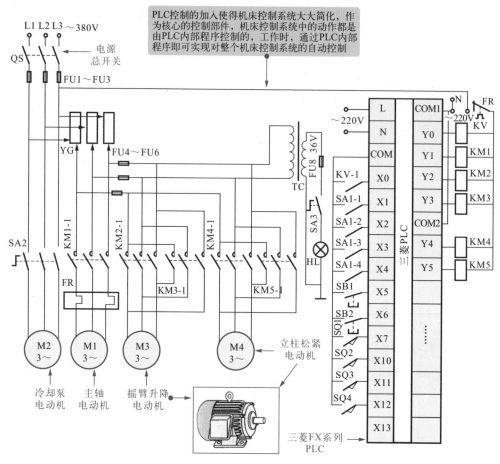

图 12-35　摇臂钻床 PLC 控制电路的结构组成

表 12-12　采用三菱 FX$_{2N}$ 系列 PLC 的摇臂钻床控制电路 I/O 分配表

输入信号及地址编号			输出信号及地址编号		
名称	代号	输入点地址编号	名称	代号	输出点地址编号
电压继电器触点	KV-1	X0	电压继电器	KV	Y0
十字开关的控制电路电源接通触点	SA1-1	X1	主轴电动机 M1 接触器	KM1	Y1
十字开关的主轴运转触点	SA1-2	X2	摇臂升降电动机 M3 上升接触器	KM2	Y2
十字开关的摇臂上升触点	SA1-3	X3	摇臂升降电动机 M3 下降接触器	KM3	Y3
十字开关的摇臂下降触点	SA1-4	X4	立柱松紧电动机 M4 放松接触器	KM4	Y4

续表

输入信号及地址编号			输出信号及地址编号		
名称	代号	输入点 地址编号	名称	代号	输出点 地址编号
立柱放松按钮	SB1	X5	立柱松紧电动机 M4 夹紧接触器	KM5	Y5
立柱夹紧按钮	SB2	X6	—	—	—
摇臂上升上限位开关	SQ1	X7	—	—	—
摇臂下降下限位开关	SQ2	X10	—	—	—
摇臂下降夹紧行程开关	SQ3	X11	—	—	—
摇臂上升夹紧行程开关	SQ4	X12	—	—	—

摇臂钻床的具体控制过程，由 PLC 内编写的程序控制。图 12-36 为摇臂钻床 PLC 控制电路中的梯形图程序。

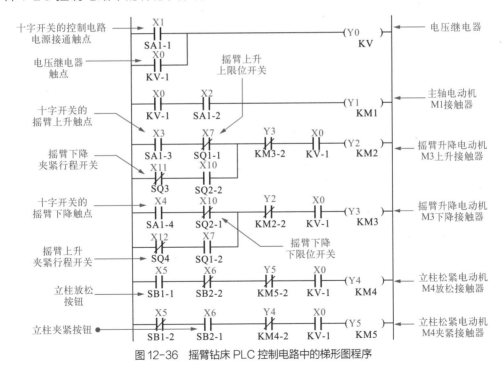

图 12-36　摇臂钻床 PLC 控制电路中的梯形图程序

12.12.2　摇臂钻床控制电路的 PLC 控制原理

将 PLC 内部梯形图与外部电气部件控制关系结合，分析摇臂钻床 PLC 控制电路。图 12-37 ～图 12-39 为摇臂钻床 PLC 控制电路的控制过程。

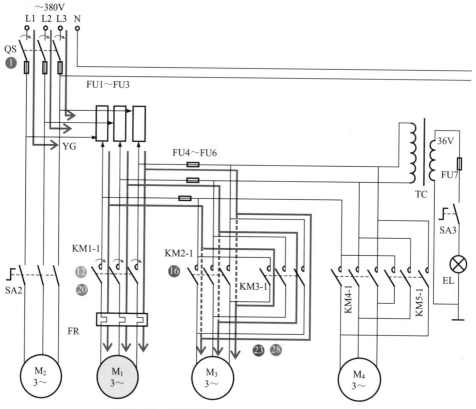

图 12-37 摇臂钻床 PLC 控制电路的控制过程（一）

【1】闭合电源总开关 QS，接通控制电路三相电源。

【2】将十字开关 SA1 拨至左端，常开触点 SA1-1 闭合。

【3】将 PLC 程序中输入继电器常开触点 X1 置 "1"，即常开触点 X1 闭合。

【4】输出继电器 Y0 线圈得电。

【5】控制 PLC 外接电压继电器 KV 线圈得电。

【6】电压继电器常开触点 KV-1 闭合。

【7】将 PLC 程序中输入继电器常开触点 X0 置 "1"。

        【7-1】自锁常开触点 X0 闭合，实现自锁功能。

        【7-2】控制输出继电器 Y1 的常开触点 X0 闭合，为其得电做好准备。

        【7-3】控制输出继电器 Y2 的常开触点 X0 闭合，为其得电做好准备。

        【7-4】控制输出继电器 Y3 的常开触点 X0 闭合，为其得电做好准备。

        【7-5】控制输出继电器 Y4 的常开触点 X0 闭合，为其得电做好准备。

        【7-6】控制输出继电器 Y5 的常开触点 X0 闭合，为其得电做好准备。

【8】将十字开关 SA1 拨至右端，常开触点 SA1-2 闭合。

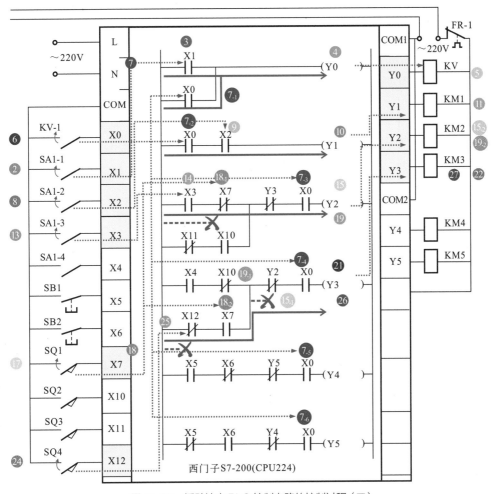

图 12-38　摇臂钻床 PLC 控制电路的控制过程（二）

【9】将 PLC 程序中输入继电器常开触点 X2 置 "1"，即常开触点 X2 闭合。

【7₋₂】+【9】→【10】输出继电器 Y1 线圈得电。

【11】控制 PLC 外接接触器 KM1 线圈得电。

【12】主电路中的主触点 KM1-1 闭合，接通主轴电动机 M1 电源，主轴电动机 M1 启动运转。

【13】将十字开关拨至上端，常开触点 SA1-3 闭合。

【14】将 PLC 程序中输入继电器常开触点 X3 置 "1"，即常开触点 X3 闭合。

【15】输出继电器 Y2 线圈得电。

　　　【15₋₁】控制输出继电器 Y3 的常闭触点 Y2 断开，实现互锁控制。

　　　【15₋₂】控制 PLC 外接接触器 KM2 线圈得电。

【15₋₂】→【16】主触点 KM2-1 闭合，接通电动机 M3 电源，摇臂升降电动机 M3 启动运转，摇臂开始上升。

【17】当电动机 M3 上升到预定高度时，触动限位开关 SQ1 动作。

【18】将 PLC 程序中输入继电器 X7 相应动作。

    【18₋₁】常闭触点 X7 置 "0"，即常闭触点 X7 断开。

    【18₋₂】常开触点 X7 置 "1"，即常开触点 X7 闭合。

【18₋₁】→【19】输出继电器 Y2 线圈失电。

    【19₋₁】控制输出继电器 Y3 的常闭触点 Y2 复位闭合。

    【19₋₂】控制 PLC 外接接触器 KM2 线圈失电。

【19₋₂】→【20】主触点 KM2-1 复位断开，切断 M3 电源，摇臂升降电动机 M3 停止运转，摇臂停止上升。

【18₋₂】+【19₋₁】+【7₋₄】→【21】输出继电器 Y3 线圈得电。

【22】控制 PLC 外接接触器 KM3 线圈得电。

【23】带动主电路中的主触点 KM3-1 闭合，接通升降电动机 M3 反转电源，摇臂升降电动机 M3 启动反向运转，将摇臂夹紧。

【24】当摇臂完全夹紧后，夹紧限位开关 SQ4 动作。

【25】将输入继电器常闭触点 X12 置 "0"，即常闭触点 X12 断开。

【26】输出继电器 Y3 线圈失电。

【27】控制 PLC 外接接触器 KM3 线圈失电。

【28】主电路中的主触点 KM3-1 复位断开，电动机 M3 停转，摇臂升降电动机 M3 自动上升并夹紧的控制过程结束。（十字开关拨至下端，常开触点 SA1-4 闭合，摇臂升降电动机 M3 下降并自动夹紧的工作过程与上述过程相似，可参照上述分析过程。）

【29】按下立柱放松按钮 SB1。

【30】PLC 程序中的输入继电器 X5 动作。

    【30₋₁】控制输出继电器 Y4 的常开触点 X5 闭合。

    【30₋₂】控制输出继电器 Y5 的常闭触点 X5 断开，防止 Y5 线圈得电，实现互锁。

【30₋₁】→【31】输出继电器 Y4 线圈得电。

    【31₋₁】控制输出继电器 Y5 的常闭触点 Y4 断开，实现互锁。

    【31₋₂】控制 PLC 外接交流接触器 KM4 线圈得电。

【31₋₂】→【32】主电路中的主触点 KM4-1 闭合，接通电动机 M4 正向电源，立柱松紧电动机 M4 正向启动运转，立柱松开。

【33】松开按钮 SB1。

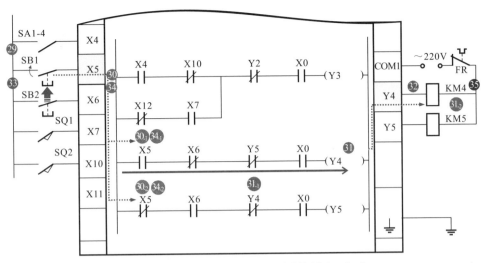

图 12-39　摇臂钻床 PLC 控制电路的控制过程（三）

【34】PLC 程序中的输入继电器 X5 复位。

　　【34₋₁】常开触点 X5 复位断开。

　　【34₋₂】常闭触点 X5 复位闭合。

【34₋₁】→【35】PLC 外接接触器 KM4 线圈失电，主电路中的主触点 KM4-1 复位断开，电动机 M4 停转。（按下按钮 SB2 将控制立柱松紧电动机反转，立柱将夹紧，其控制过程与立柱松开的控制过程基本相同，可参照上述分析过程了解。）